STUTTGART

PORSCHE

ALESSANDRO SANNIA

PORSCHE

Motor
buch
Verlag

Die Originalausgabe ist 2006 unter dem Titel »Porsche« bei Edizioni Gribaudo slr, Savigliano erschienen.

ISBN 978-3-613-03125-8

1. Auflage 2009

Ein Unternehmen der Paul Pietsch-Verlage GmbH & Co.

Sie finden uns im Internet unter www.motorbuch-verlag.de

Text: Alessandro Sannia

Fotos: Archiv Alessandro Sannia, Dr. Ing. h. c. F. Porsche AG

Die teilweise geminderte Abbildungsqualität ist auf das Alter der Vorlagen zurückzuführen

Einbandgestaltung: Luis dos Santos

Die Übertragung ins Deutsche besorgte Ted Lemberger

Lektorat: Martin Gollnick
Innengestaltung: Ipa, 71665 Vaihingen/Enz
Druck und Bindung: Grafiche Busti, Colognola ai Colli (VR)
Printed in Italy

Inhalt

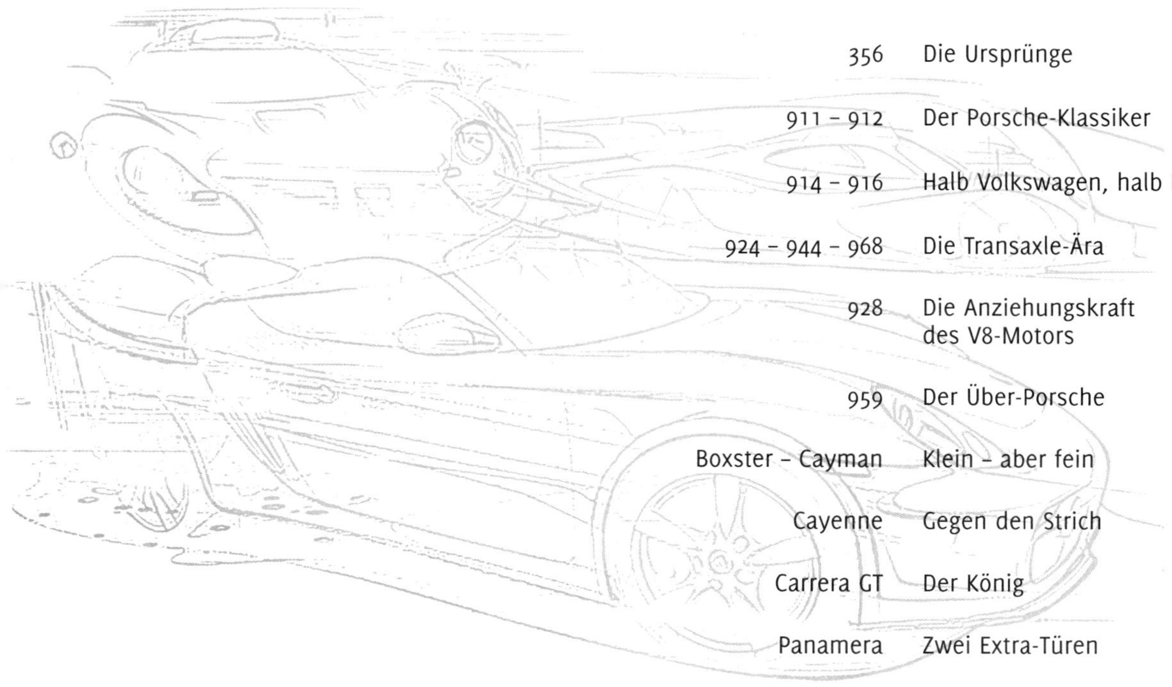

356

Die Ursprünge

Die Geschichte von Porsche begann lange bevor der Name in der Öffentlichkeit bekannt geworden ist. Man schrieb das Jahr 1931, als der österreichisch-ungarische Ingenieur Ferdinand Porsche mit der Entwicklung von Kraftfahrzeugen begann und die »Dr. Ing. h.c. F. Porsche GmbH« in Stuttgart gründete.
Ferdinand Porsche war ein ganz besonderer Mann, der von Motoren und Ingenieurkonstruktionen fasziniert war und immer davon geträumt hatte, Autos zu entwerfen und zu bauen. Er wurde am 3. September 1875 in Maffersdorf in Böhmen geboren (heute Vratislavice, tschechische Republik) und war österreichisch-ungarischer Abstammung.
1893, im Alter von 18 Jahren, trat Porsche in die Vereinigten Elektrizitäts-AG Béla Egger in Wien, die spätere Brown Boveri, ein. Dort stieg er in vier Jahren vom Mechaniker zum Leiter der Prüfabteilung auf. In diese Zeit fällt auch seine Konstruktion des Radnabenelektromotors, auf welchen er 1896 ein Patent anmeldete. Die Schwäche der schweren Batterien glich Porsche 1902 aus, als er seinen »Mixte«-Wagen, ein Hybridauto, vorstellte. Dieser erzeugte den Strom mittels eines Generators, der von einem Daimler-Verbrennungsmotor angetrieben wurde. Damit hat Ferdinand Porsche das erste Auto mit seriellem Hybridantrieb entwickelt.
Im Ersten Weltkrieg als Direktor eines Rüstungsbetriebes unabkömmlich, konstruierte er den Landwehr-Train. Dies war eine benzin-elektrisch angetriebene Zugmaschine, die mehrere automatisch gesteuerte Anhänger zog, die von Radnabenelektromotoren angetrieben wurden. 1916 war er zum Generaldirektor von Austro-Daimler bestellt worden. Für seine Verdienste um Österreich wurde Porsche 1917 der Ehrendoktor der TH Wien und das Offizierskreuz des Franz-Josephs-Ordens verliehen.
Sobald der Erste Weltkrieg zu Ende war, begann er, Autos in Eigenregie zu bauen, überzeugt davon, dass das Auto nur dann in Massenproduktion gehen würde, wenn es sich dabei um eine relativ einfache und preiswerte Konstruktion handelte. Von Graf Sascha Kolowrat finanziert, produzierte er mehrere sportliche Kleinwagen – genannt »Sascha« –, die aber kaum Eindruck auf den noch sehr begrenzten Käuferkreis machten. Seit 1906 hatte er für Austro-Daimler gearbeitet, 1923 wechselte er zu Mercedes-Benz und schließlich 1929 zu Steyr. Der nächste Schritt war, sich selbstständig zu machen und ein eigenes Beratungsunternehmen zu gründen. Er zog nach Stuttgart. Dies war der Anfang von Porsche. In den ersten Jahren des Firmenbestehens wurden jedoch nur Autos für andere konstruiert, jedoch nicht selbst gebaut.

PORSCHE
K 45·286

S 199

Ferry Porsche vor einem Porträt seines Vaters Ferdinand. Es war dessen Idee, einen Sportwagen zu entwickeln, der wie der Käfer von Volkswagen in Serie gebaut werden sollte.
Auf der vorangegangenen Seite ist er mit dem ersten Porsche-Prototyp zu sehen.

Porsche war noch immer von der Idee besessen, ein simples Auto zu bauen, und versuchte, potentielle Kunden zu überzeugen, sein Projekt zu finanzieren. 1931 beauftragte ihn Zündapp, ein großer deutscher Motorradbauer, mit einer Studie für ein »Auto für das Volk«; Porsche konstruierte einen genialen sternförmigen, luftgekühlten Fünf-Zylinder-Motor, der hinter dem Fahrersitz liegen sollte – aber das Projekt wurde nie realisiert.

Im darauffolgenden Jahr beauftragte ihn NSU, ein weiterer Motorradbauer, mit einem vergleichbaren Projekt. Für die Neckarsulmer entwarf er den Typ 32 mit einem Vierzylinder-Boxer-Motor im Heck und einer aerodynamischen Karosserie, doch auch dieser Prototyp wurde nicht gebaut. Er wies aber bereits viele der Merkmale auf, die den künftigen Volkswagen charakterisieren sollten.

Porsches Ruf war inzwischen bis zu Hitler durchgedrungen, und nach einigen Treffen war der »Führer« überzeugt, dass Porsche der richtige Mann war, um einen »Wagen für's Volk«, eben einen »Volkswagen« zu bauen.

Bei der Berliner Automobil-Show im Jahr 1935 erklärte er stolz, dass er den Auftrag zum Bau des Autos an den »größten Konstrukteur aller Zeiten« vergeben hätte. Mit Unterstützung des deutschen Staates konnten innerhalb von knapp vier Jahren die Konstruktion, der Bau der Prototypen und die Tests durchgeführt werden. Damit war die Entwicklung unglücklicherweise also gerade rechtzeitig abgeschlossen, um bei Ausbruch des Zweiten Weltkrieges die Fließbandproduktion, die zu diesem Zeitpunkt allerdings noch nicht optimal lief, für militärische Zwecke umzufunktionieren.

Porsche arbeitete weiterhin daran, die Produktion des Volkswagens in Gang zu setzen, beschäftigte sich aber gleichzeitig mit anderen wichtigen Projekten. Eines davon war ein Rennwagen für die Auto-Union, der berühmte »Silberpfeil«. Mit dem Ausbruch des Krieges wurde er aber auch mit Militär-Projekten beauftragt, wie beispielsweise mit der Konstruktion des Panzers Tiger und des Panzerzerstörers Elefant.

Nach dem Zusammenbruch des Nazi-Regims floh er nach Österreich, wo er von der französischen Siegermacht im Rahmen der Verhandlungen über die deutschen Kriegsreparationen aufgefordert wurde, die Entwicklung und Produktion des Käfers in Frankreich fortzusetzen. Diese Idee wurde jedoch wieder verworfen, und während einer offiziellen Besprechung in Wolfsburg wurde Porsche im Dezember 1945 als Kriegverbrecher verhaftet, zusammen mit seinem Sohn Ferry und seinem Schwiegersohn Anton Piëch. Er wurde ohne Gerichtsverhandlung zu 20 Mona-

CU 902

Carrera

SAS

ten Gefängnis verurteilt, die er in Dijon absaß. Er durfte erst Ende 1950 wieder nach Deutschland zurückkehren, und man erzählt, dass er Tränen in den Augen hatte, als er dort überall auf den Straßen Volkswagen fahren sah.

Ferdinand Porsche starb einige Wochen nach seiner Rückkehr am 30. Januar 1951. Die Familientradition setzte sein Sohn Ferdinand Anton Ernst Porsche fort, besser bekannt als »Ferry«. Dieser wurde am 19. September 1909 in Wiener Neustadt geboren und hatte mit seinem Vater seit der Gründung des Unternehmens Porsche im Jahr 1931 zusammengearbeitet. Vor dem Krieg war er maßgeblich an der Entwicklung der Rennwagen der Auto-Union beteiligt, 1938 wurde Ferry Porsche als Nachfolger seines Vaters Leiter der Entwicklungsabteilung. Vater Ferdinand war zu diesem Zeitpunkt mit dem Aufbau des Volkswagenwerkes in Sachsen betraut worden.

Weil man hoffte, auf diese Weise den drohenden Bombardements zu entkommen, wurden in den Kriegswirren die Büroräume aus der Stadt in ein neues Quartier in Zuffenhausen bei Stuttgart verlagert, außerdem nach Gmünd und Zell am See in Österreich, wo die Familie einen Bauernhof besaß.

Nachdem auch er von den Franzosen verhaftet worden war, wurde Ferry Porsche zwar gegen Zahlung eines großen Geldbetrags freigelassen, aber es wurde ihm verboten, nach Deutschland zurückzukehren. Er beschloss deshalb, zunächst die Büros in Gmünd zu behalten, um von dort aus wieder aktiv zu werden. Zuerst war er gezwungen, in der Werkstatt zu arbeiten und kaputte Autos zu reparieren. Er musste sein Einkommen sogar mit dem Verkauf von Wasserpumpen und Drehbänken aufbessern.

Endlich kam der erste richtige Auftrag. Als Piero Dusio, ein Turiner Industrieller, Präsident von Juventus Turin und Besitzer der Cisitalia-Sportwagen-Fabrik, ihn um Unterstützung bei der Konstruktion eines ziemlich utopischen Allrad-Grand-Prix-Rennwagens bat, konnte er seine eigentliche Arbeit – Automobile zu entwerfen – wieder aufnehmen.

Bald darauf beschloss Ferry Porsche, in Eigenregie Autos zu bauen. So wie Dusio mit seinen Grand Touring auf Fiat-Basis und Monocoques glaubte er, dass es möglich sei, Sportwagen zu bauen, die klein, leicht und einfach zu fahren seien, wenn man diese auf einer preiswerten Basis – wie dem Käfer, der von seinem Vater konstruiert worden war – aufbauen würde. Trotz der Tatsache, dass ein Heckmotor nicht die beste Gewichtsverteilung für einen Sportwagen erlaubte, war die Technik für diesen Zweck in Ordnung und vor allem billig und einfach. Die Karosserie

Für den Porsche 356 griffen die Ingenieure im Wesentlichen auf die gleichen technischen Baueile zurück, wie sie auch im Volkswagen Käfer Verwendung fanden. Selbst der Motor war der gleiche, für den Stuttgarter Sportwagen allerdings deutlich verbessert, um mehr Leistung zu bringen. Zusammen mit seiner leichten Karosserie reichte das für exzellente Fahrleistungen, und dabei war es – nicht zuletzt aufgrund der Anleihen bei der Käfer-Technik – gelungen, den Preis doch relativ niedrig zu halten.

wurde allerdings nicht von Ferry, sondern von einem Arbeitskollegen, Erwin Komenda, völlig neu entworfen. Er war es auch, der den Käfer entworfen hatte, was die Ähnlichkeiten zwischen dem Volkswagen und den ersten Porsche erklärt. Der vierzylindrige 1,1-Liter-Boxer-Motor bekam das erforderliche Tuning, um bis zu 40 PS zu leisten.
Porsche baute die Firma aus eigener Kraft auf, da keine Bank bereit war, ihm einen Kredit zu geben. Er begann mit dem Bau einiger Vorserien-Autos mit Aluminiumkarosserie in einer improvisierten Werkstatt in einem Sägewerk bei Gmünd und versuchte gleichzeitig, Volkswagen-Händler zu überreden, Fahrzeuge zu bestellen.
Die ersten Bestellungen kamen im Winter 1947 aus Zürich, und damit wurde aus dem »Porsche Nr. 1« der »356«, das erste Auto aus der Stuttgarter Firma.
Am 8. Juni 1948 war es dann soweit, der erste Porsche erhielt seine Einzelgenehmigung erteilt. Der Wagen war ein zweisitziger Roadster mit Notverdeck und einem Motor, der vor der Hinterachse eingebaut war. Ein echter Mittelmotor-Sportwagen! Der luftgekühlte Vierzylinder-Boxermotor des Volkswagens leistete aus 1.131 cm^3 24,5 PS (18 kW), dieser wurde mit klassischen Tuningmaßnahmen auf ganze 35 PS (26 kW) bei 4.000/min gebracht. Diese Leistung reichte aus, um den 585 Kilogramm leichten, auf ei-

nen Gitterrohrrahmen und Aluminiumkarosserie aufgebauten 356/1 Roadster auf 135 km/h zu beschleunigen. Die vier Trommelbremsen wurden über Seilzug betätigt. Der Wagen fand für 7.000 sFr mit dem Autohändler Rupprecht von Senger aus Zürich auch schnell einen Abnehmer, der den Wagen für 7.500 sFr an den ersten Porsche-Kunden verkaufte. Das Geld aus dem Verkauf verwendete Porsche für die Materialbeschaffung zum Bau neuer Wagen.

Ab dem zweiten Wagen, einem Coupé, war der Motor hinter der Hinterachse eingebaut, um mehr Platz im Innenraum für Gepäck oder Notsitze zu erhalten. Der 356/2 sollte mehr Komfort und Alltagstauglichkeit bieten als der erste Wagen. Parallel wurde neben dem Coupé auch eine Cabriolet-Version entwickelt. Beide Varianten erhielten einen Kastenrahmen aus Stahlblech. Die Aluminium-Karosserie wurde über ein Holzmodell von Hand gedengelt. Die Stoßstangen schlossen bündig mit der Karosserie ab. Die Frontscheibe war durch einen Steg in der Mitte geteilt. An den Türen der Coupés waren kleine Dreiecksfenster befestigt.

Die Radführung vorn erfolgte durch Kurbelarme, die durch querliegende, abgekapselte Drehstäbe gefedert wurden. Hinten wurde eine durch Schubstreben geführte Pendelhalbachse mit ebenfalls querliegenden Drehstäben

eingebaut. Der Vierzylinder-Boxermotor war mit hängenden Ventilen ausgestattet. Aus 1.131 cm^3 leistete das Aggregat 40 PS (29 kW) bei 4.000/min. Das auf 7,0 : 1 verdichtete Aggregat war mit 2 Fallstromvergasern vom Typ Solex 26 VFI, die mit 2 Trockenluftfiltern versehen waren, bestückt. Das maximale Drehmoment von 64 Nm wurde bei 2.600/min erreicht. Der Benzinverbrauch dieser nur 680 Kilogramm schweren Fahrzeuge war mit 7 bis 8 Litern sehr günstig. Im Hinblick auf den Einsatz im Motorsport wurde der Hubraum des Motors, bei gleicher Leistung, auf 1.086 cm^3 reduziert. Die ersten vier Fahrzeuge mit dem neuen Motor entstanden schon 1948.

In Gmünd entstanden vom Typ 356/2 ganze 52 Fahrzeuge. Der letzte Gmünder Porsche 356 wurde am 20. 03. 1951 ausgeliefert. Fünf Gmünder-Coupés verblieben im Porsche-Besitz, um sie im Rennsport einzusetzen.

Zu den Coupés des Typs 356 kamen mehrere Spyder-Versionen des Schweizer Karosserie-Herstellers Beutler dazu.

Im Frühling 1949 unterschrieb Porsche einen wichtigen Vertrag mit Volkswagen, auf Grund dessen er für die Weiterentwicklung des Käfers verantwortlich war. Dafür erhielt er eine Provision für jedes verkaufte Auto sowie die Möglichkeit, einzelne Konstruktionsteile für seine Sportwagen zu verwenden und darüber hinaus die von ihm hergestellten Fahrzeuge über das Volkswagen-Händlernetz zu verkaufen. Da seine alte Werkstatt noch immer von den Amerikanern beschlagnahmt war, mietete Porsche in Stuttgart mehrere Hallen bei dem Karosseriebauer Reutter. Ende 1949 beauftragte Porsche seinen Vermieter mit dem Bau von 500 Karosserien. Ab dem Frühjahr 1950 begann in Stuttgart-Zuffenhausen die Produktion. Am Gründonnerstag 1950 wurde das allererste Porsche 356 Coupé in Zuffenhausen fertiggestellt.

Ende 1949 war Porsche dann in der Lage, seine Aktivitäten in Deutschland weiter auszubauen. Den 52 in Gmünd produzierten 356 S folgten die ersten echten Serienfahrzeuge, von Sammlern mitunter als »Vor-A« bezeichnet, um sie von den Nachfolgemodellen zu unterscheiden. Neben einem vom Käfer abgeleiteten 1,1-Liter-Motor bot Porsche auch eine stärkere 1,3-Liter-Version mit 44 PS in der Boxer-Ausführung an. Diesem folgte 1951 dann eine neue 1,5-Liter-Version mit 60 PS.

Obwohl es sich bei ihm um ein Luxus-Fahrzeug handelte, war dem 356 ein schneller und außerordentlicher Erfolg beschieden, und das, obwohl ganz Europa noch schwer unter den Auswirkungen des Krieges litt, was natürlich auf die Länder, die den Krieg verloren hatten, in ganz besonderem Maße zutraf. Jedenfalls stellte sich schnell heraus, dass die anfänglich anvisierte Produktionszahl von 50

Fahrzeugen pro Jahr völlig unzureichend war. Am Ende wurden fast 80.000 Stück in 15 Jahren gebaut. Dies war der Verdienst von Ferry Porsche, der stets der Überzeugung war, dass von seinen Autos erwartet wurde, »zuverlässig zu sein, von hervorragender Qualität und hoher Wertbeständigkeit«. Dies erwies sich als genau das richtige Konzept, um viele Kunden aus Europa und Übersee zu gewinnen.

Max Hoffmann, der Importeur, der Porsche in den Vereinigten Staaten vertrieb, erkannte schnell das enorme Potenzial des kleinen europäischen Sportwagens und war sicher, dass er groß in Mode kommen würde. Er glaubte eigentlich, dass eine leichtere Version gefragt wäre, geeignet für Sportwagen-Fahrer, die sich unter der Woche an ihrem Auto erfreuen wollten, um dann am Wochenende erst so richtig mit ihm loszulegen. Deshalb bat er Porsche um eine Sonder-Version. 1951 wurden gerade mal 16 Stück davon unter der Bezeichnung »356 America Roadster« gebaut. Er hatte einen Motor mit 70 PS und eine Aluminium-Karosserie, die von Gläser entworfen worden war. Statt regulären Seitenfenstern verfügte er lediglich über Steckscheiben, und die Windschutzscheibe konnte für Rennen entfernt werden. Ihm folgte 1954 – wieder nur für den U.S.-Markt – der berühmte »356 Speedster«, einer der begehrtesten Porsche aller Zeiten. Dieses Modell war ein Cabriolet mit einer niedrigen Windschutzscheibe, einem kleinen Stoffverdeck und spartanischer Innenausstattung, aber dafür kostete es auch weniger als 3000 Dollar und verströmte dennoch einen unwiderstehlichen, exotischen Reiz.

1955 folgte die zweite Generation des Porsche 356, der 356 A. Zwei neue Motoren standen zur Verfügung, ein 1,3-Liter mit 44 PS und ein 1,6-Liter mit 60 PS. Mit ihrem größeren Hubraum bei nahezu unveränderter Leistung erwiesen sich die Modelle der neuen Generation als noch stabilere, zuverlässigere Autos. Es gab sie auch in einer »S«-Version, in welcher der 1,3-Liter über 60, der 1,6-Liter über 75 PS verfügte. Den 356 A erkannte man an seiner Windschutzscheibe, die nicht mehr zweigeteilt war, und an seinen etwas kleineren Rädern.

Um eine immer anspruchsvoller werdende Klientel zufriedenzustellen, wurde auch eine Hochleistungsversion entwickelt. Diese verfügte über zwei obenliegende Nockenwellen pro Zylinderreihe und brachte 110 PS: Das war für die damalige Zeit ein richtiges Powerpaket von Auto, besonders, wenn man bedenkt, dass der Wagen weniger als 900 Kilogramm wog und so auf eine Spitzen-Geschwindigkeit von über 200 km/h kam. Dieses Auto erhielt den

legendären Namen »Carrera«, der von dem gefährlichen Straßen-Rennen, das damals in Mittelamerika gefahren wurde, abgeleitet worden war und noch heute ein Synonym für Sportwagen ist.

Die nächste Entwicklungsstufe, der 356 B, erblickte 1959 das Licht der Welt. Die Karosserie hatte größere Fenster und einen Zwillings-Kühlergrill, der Wagen besaß nach wie vor einen 1,6-Liter-Motor mit normalerweise 60 PS. Als 1600 S verfügte der 356 B über 75 PS, und in der Super-90-Version waren es deren sogar 90. Dazu kam wieder ein Carrera, jetzt mit 115 PS. 1961 kam auch eine Hardtop-Coupé-Version auf den Markt. Diese hatte die gleiche Form wie das Cabriolet, aber ein nicht abnehmbares Metallverdeck.

Im Laufe der Jahre waren die 356 Carrera immer luxuriöser und damit auch immer schwerer geworden. Dieser Umstand ist im Rennsport ein entscheidender Nachteil. So entschloss sich das Porsche-Werk einen leichten und aerodynamisch optimierten Wagen zu bauen. Bei Carlo Abarth in Turin entstanden von Januar bis Juni 1960 nur 21 Aluminium-Karosserien. Die Kleinserie des 356 B Carrera GTL Abarth war äußerst begehrt und deshalb zum Stückpreis von 25.000 DM auch schnell ausverkauft. In der Aerodynamik war der Carrera GTL (L=leicht) dem vergleichbaren 356 B mit Reutter-Serienkarosserie überlegen. Die Form wirkte

länger gestreckt und insgesamt flacher, wobei die Scheiben zur besseren Sicht etwas vergößert wurden. Der Innenraum war spartanisch-funktionell. Auf sämtliche luxuriösen Attribute wurde im Sinne der Gewichtsersparnis verzichtet. Das Antriebsaggregat des Carrera GTL war der 1,6-Liter-Carrera-Motor mit Königswellensteuerung, der in drei Leistungsstufen zum Einsatz kam: Mit Serienauspuff mit 115 PS (85 kW) bei 6.500/min, mit Sportauspuff mit 128 PS (94kW) bei 6.700/min und mit dem Sebringauspuff mit 135 PS (99 kW) bei 7.400/min. Die Vergasereinstellung der beiden Weber-Doppel-Fallstromvergaser vom Typ 40 DCM 2 war der jeweiligen Auspuffanlage angepasst. In der stärksten Ausführung wird eine Beschleunigung von 0 auf 100 km/h in nur 8,8 Sekunden und eine Höchstgeschwindigkeit von über 220 km/h gemessen. Der bekannteste 356 B Carrera GTL Abarth ist wohl der Wagen des Schorndorfers Paul-Ernst Strähle mit der amtlichen Zulassungsnummer WN-V 1.

Der 356 C löste den 356 B ab. Äußerlich fielen die neugestalteten Räder mit den flachen Radkappen auf. Die beiden Modelle mit Stoßstangenmotoren hießen 356 C und 356 SC, sie wurden als Coupé und als Cabriolet angeboten. Beide Karosserien waren mit der zuletzt gebauten T 6 Karosserie des 356 B identisch. Beim Cabriolet konnte das Kunststoffheckfenster mit einem Reißverschluß von innen oder von außen geöffnet und heruntergeklappt werden. Hierdurch ergab sich eine weitere Möglichkeit des Offenfahrens. Weiterhin im Angebot war auch das Cabriolet mit abnehmbarem Hardtop-Aufsatz.

Der 60-PS-Dame-Motor wurde aus dem Lieferprogramm gestrichen. Die beiden verbliebenen 1,6-Liter-Motoren waren im Vergleich zu den 356 B Aggregaten in vielen Punkten überarbeitet. In den Zylinderköpfen der beiden Varianten waren gleich große Ventile eingebaut; 38 Millimeter große Einlassventile und 34 Millimeter große Auslassventile. Während der Motor des 356 C auf Durchzugskraft und Langlebigkeit getrimmt wurde, war das Herz des 356 SC ein Sportmotor alter Schule mit einem kernigeren Ansauggeräusch, der zur zügigen Fortbewegung Drehzahl brauchte und beim Fahren entsprechend im richtigen Drehzahlbereich gehalten werden wollte. Möglichst über 2.500/min für gute Durchzugskraft und keine Dauerdrehzahlen über 5.500/min zur Schonung der Kurbelwellenlager. Im einzelnen wurden Steuerzeiten, Bearbeitung der Kurbelwelle und deren Hauptlager, Ein- und Auslasskanäle und die Form der Kolbenböden geändert. Das sehr zuverlässige Aggregat des 356 C leistete 75 PS (55 kW) bei 5.200/min, das maximale Drehmoment betrug 123 Nm bei 3.600/min. Die höchste Leistung aller 356 Stoßstangenmotoren setzte die Maschine des 356 SC mit 95 PS (70 kW) bei 5.800/min frei. Bei 4.200/min lag ein Drehmoment von 124 Nm an der Kurbelwelle an. Während beim 75 PS (55 kW) Motor die Kolben in Graugusszylindern liefen, erhielt der SC-Motor ferralbeschichtete Leichtmetallzylinder.

Der Carrera-Motor im 356 C 2000 GS Carrera 2 wurde ohne große Änderungen weitergebaut. Einzig die Leistung der Lichtmaschine wurde auf 450 Watt aufgestockt.

Beide Stoßstangenmotoren wurden mit einer Kupplung mit 200 Millimeter Durchmesser ausgerüstet. Die Synchronringe des 4-Gang-Schaltgetriebes wurden für eine längere Lebensdauer verstärkt. Auf Wunsch war ein Sperrdifferenzial erhältlich.

Der 356 C spurtete in 14 Sekunden auf 100 km/h, der Vortrieb endete erst bei 175 km/h. Der noch sportlichere 356 SC beschleunigte besser als alle anderen 356 mit Stoßstangenmotoren, nach nur 11,5 Sekunden durchbrach er die 100 km/h-Marke, bis 185 km/h erreicht waren.

Alle Fahrzeuge der 356 C Baureihe wurden mit einer Vier-Scheiben-Bremsanlage von Ate, System Dunlop, ausgestattet. Deshalb erhielten die Räder ein neues Design mit einem kleineren Lochkreis von 130 Millimeter und flacheren Radkappen. Auch der 356 Carrera 2 erhielt diese Scheibenbremsanlage. Die Größe der Reifen und Räder blieb unverändert. Die Straßenlage verbesserte sich durch den um 1 Millimeter dickeren Stabilisator an der Vorderachse. An der Hinterachse waren die Drehstäbe vorgespannt und weicher abgestimmt. Die Stoßdämpferaufhängungen wurden wegen der neuen Bremse ebenfalls geändert. Boge lieferte die Dämpfer für den 356 C, Koni die für den 356 SC. Bei beiden Modellen entfiel die Ausgleichsfeder an der Hinterachse, diese konnte aber auf Wunsch geordert werden. Nur beim Carrera 2 gehörte die Ausgleichsfeder weiterhin zur Serie.

Im Innenraum war der mittlere Bereich der Schalttafel nach unten hin erweitert. Dadurch wurde der Schalthebel verkürzt. Die Schalter für die Scheibenwischer, der Lichtschalter und der Zigarettenanzünder waren rechts neben der Lenksäule platziert. Die Bedienungselemente für Lüftung und Heizung wurden überarbeitet. Ein Schieberegler übernahm die Warmluftregelung der Heizung. Im Coupé war eine Leselampe für den Beifahrer eingebaut. Eine Warnleuchte im Kombiinstrument signalisierte die angezogene Handbremse. Zwei Luftausströmer hielten die Heckscheibe beschlagfrei. Die Auflagefläche der vorderen Sitze war neu geformt. Im Fond verhinderte eine erhöhte Lehnenkante der umgeklappten Notsitzlehnen, dass Gepäckstücke nach vorne rutschen konnten. Eine Armlehne an der Türinnenverkleidung erhöhte den Komfort und diente zugleich als Griff zum Zuziehen der Tür.

Karosserie, Fahrwerk und Ausstattung des 356 C gingen ohne Änderungen in das letzte Modelljahr.

Der 356 C Carrera 2 war nach nur 126 gebauten Exemplaren nicht mehr im Lieferprogramm.

Ab dem 14. September 1964 lief der neue Porsche 901 vom Band. Anfangs wurden nur 5 Porsche 901, aber noch 40 Porsche 356 C und 356 SC pro Tag gebaut. Am 28. April 1965 verließ ein weißes, mit Blumen geschmücktes 356 C Cabriolet das Band - der letzte 356, der in Serie gebaut wurde!

Der allerletzte 356 wurde am 26. Mai 1966 ausgeliefert. Für die holländische Reichspolizei legte Porsche im Mai 1966 nochmals eine Sonderserie von zehn weißen Cariolets mit schwarzem Verdeck auf.

Es entstanden 16.685 Fahrzeuge der 356 C-Baureihe.

Von allen 356 Modellen wurden von 1950 bis 1966 insgesamt 77.766 Exemplare gebaut.

911 – 912

Der Porsche-Klassiker

Schon Mitte der 50er Jahre gab es bei Porsche erste Überlegungen, in welchen Punkten der 356 verbessert werden könnte. Diese Verbesserungen gingen aber in vielen Bereichen über reine Modellpflegemaßnahmen hinaus, so dass bei der Umsetzung dieser Ideen ein neues Fahrzeug entstanden wäre. Gegen Ende der 50er Jahre wurden diese Pläne dann konkret in die Tat umgesetzt. Der neue Porsche sollte den Passagieren mehr Platz bieten und im Gepäckraum sollte genügend Raum für Golfbesteck vorhanden sein. Die Fahrleistungen sollten auf dem Niveau des 356 Carrera 2 mit 130 PS (96 kW) liegen, in der Laufkultur aber die „Dame" der 356-Baureihe mit 60 PS (44 kW) erreichen. Das Konstruktionsprinzip mit einem luftgekühlten Heckmotor sollte erhalten bleiben. Auch sollte dem Kunden etwas mehr Komfort geboten werden. Die inzwischen weltbekannte Porsche-Form sollte aber erhalten bleiben. Für das Design war Ferdinand Alexander Porsche, der älteste Sohn von Ferry Porsche zuständig. Im Versuchsstadium wurde sogar mit einem Viersitzer (Typ 745 T 7) experimentiert, wobei dessen Vorderwagen der endgültigen Form des neuen Modells schon sehr nahe kam. Doch ein Fahrzeug mit Fließheck war nach wie vor die favorisierte Lösung. Auch beim Konzept blieb es beim 2 + 2 Sitzer, um nach der Ansicht von Ferry Porsche nicht mit Mercedes-Benz konkurrieren zu müssen, blieb man bei dem, was man ohnehin gut konnte. Auch bei der Konstruktion des Motors wurden verschiedene Konzepte ausgetüftelt.

Schließlich wurde die Konstruktion mit der Nummer 901 mit einem luftgekühlten Sechszylinder-Boxermotor als Nachfolger des 356 verabschiedet.

Am 12. September 1963 wurde der neue Porsche 901 auf der IAA in Frankfurt am Main zum ersten Mal der Öffentlichkeit präsentiert. Der Preis wurde mit 23.900 DM festgelegt. Dieser lag um etwa 9.000 DM über dem Preis des günstigsten 356. Der anfänglichen Zurückhaltung dem neuen Fahrzeug gegenüber folgte aber bald Begeisterung. In der Folgezeit liefen im Porsche-Fahrversuch 13 Prototypen des 901, zwei davon waren 902. Im Oktober 1964 stellte Porsche den 901 auf dem Pariser Automobilsalon aus. Peugeot wurde auf die Ziffernfolge mit der Null in der Mitte aufmerksam und legte ein Veto ein, da Typenbezeichnungen mit einer Null in der Mitte für die französische Automobilmarke geschützt waren. Porsche reagierte darauf schnell und benannte den neuen Wagen in 911 um. 911 war in den USA die Notrufnummer, so dass auf diesem für Porsche wichtigen Markt jeder diese Ziffernkombination schon kannte.

Der Porsche 911 erblickte 1963 das Licht der Welt, und er wird noch heute gebaut, auch wenn es natürlich im Laufe der Jahre zahlreiche und zum Teil gravierende Überarbeitungen gab. Er ist ohne jeglichen Zweifel das berühmteste Auto, das Porsche je gebaut hat.

PORSCHE
912
S-US 912

S-VE 912

S-CU 902

Am 14. September 1964 lief der erste in Serie gebaute 901 mit der Fahrgestellnummer 300.007 vom Band. Es entstanden 82 Fahrzeuge vom Typ 901, bevor die Umstellung der Typenbezeichnung auf 911 in der Produktion eingeführt wurde. Der Preis des neuen Porsche betrug 21.900 DM. Damit lag er unter dem zuerst kalkulierten Preis von 1963. Der 356 wurde zu diesem Zeitpunkt noch weitergebaut. Die Produktion erfolgte in Modelljahren. Ein Modelljahr beginnt in der Regel am 1. August und endet am 31. Juli des nächsten Jahres. Das Jahr, in dem die Produktion endet, ist auch die Jahreszahl, die das Modelljahr angibt.

Der erste Prototyp des 911ers wurde im September 1963 auf der Frankfurter Automobil-Ausstellung vorgestellt, die Produktion begann genau ein Jahr später, gerade rechtzeitig, um das Fahrzeug auf dem Pariser Auto-Salon zu präsentieren.

Mit seinem 2,0-Liter-Motor belegte der 911er eigentlich ein etwas höheres Marktsegment als der 356er. Das änderte sich auch in den darauf folgenden Jahren nicht. Danach beschloss man aber, die 911er-Karosserie auch wieder mit einem Vierzylinder-Motor auszustatten, um den Kunden eine preisgünstigere Alternative anbieten zu können. So entstand schließlich der Porsche 912, der 1965 auf den Markt kam.

Im Dezember des folgenden Jahres lief der 100.000 Porsche vom Band, ein 912, der an die Polizei geliefert wurde. Die Streitkräfte mehrerer europäischer Länder wählten diesen deutschen Sportwagen wegen seiner Fahrleistungen und seiner Zuverlässigkeit als Patrouillen-Fahrzeug.

Der 912 war aufgrund seines Images und Preises eher ein Tourenwagen, während es dem 911er gelang, sich einen beträchtlichen Marktanteil im Segment der Hochleistungs-Sportwagen zu erobern. Deshalb begann man Anfang 1966, den 911er in einer S-Version zu bauen, für welche die Motorleistung von 130 auf 160 PS erhöht wurde. Man erkannte den 911 S sofort an seinen Fuchs-Leichtmetallrädern mit dem fünfblättrigen Emblem, das zu einem signifikanten Merkmal der Porsche wurde.

Im darauffolgenden Jahr 1967 wurde ein weiterer Meilenstein gesetzt: Da man befürchtete, dass in Amerika in absehbarer Zeit ein Gesetz erlassen werden würde, das Cabriolets aus Sicherheitsgründen verbieten und somit die Firma Porsche eines ihrer größten Absatzmärkte berauben würde, wurde eine neue Art eines offenen Sportwagens konstruiert, die Fahrer und Insassen besseren Schutz bieten sollte, falls das Auto umkippt. Dieses Auto war der »Targa«, dessen Name von der »Targa Florio« abgeleitet worden war, dem berühmten sizilianischen Straßenren-

1967 setzte der Targa einen Meilenstein in der Geschichte der Firma Porsche. Er hatte einen robusten Metall-Überrollbügel, ein abnehmbares Verdeck und ein herausnehmbares Rückfenster. Damit handelte es sich beim Targa quasi um eine Sicherheits-Variante des normalen Cabriolets.

PORSCHE
S-PS 160

nen, das Porsche mehrmals gewonnen hatte. Es war ein Cabriolet mit einem robusten Stahlbügel, einem abnehmbarem Dach und einer Plastik-Heckscheibe, die entfernt werden konnte. »Targa« ist bis heute ein eingetragenes Markenzeichen der Firma Porsche.

Ebenfalls im Jahr 1967 wurde die Palette der Motoren erweitert. Neben dem »kleinen« 911 T mit 110-PS-Motor standen nun der serienmäßige 911 L mit 130 PS und ein 911 R als Rennsportversion mit 210 PS (von der nur 20 Stück gebaut wurden) zur Auswahl. Der 911 R verfügte über eine Transistor-Doppelzündung mit zwei Kerzen pro Zylinder, ein Kurbelgehäuse aus Magnesium und Türen aus Aluminium. Kurz danach erschien die erste halbautomatische Version auf dem Markt, die mit einer »Sportomatic«-Schaltung und einem Drehmomentwandler an Stelle einer Kupplung ausgerüstet war.

Ab 1968 wurden die Modelljahrgänge bei Porsche durch Großbuchstaben gekennzeichnet. Fahrzeuge des Modelljahrs 1968 waren damit solche aus der A-Serie, 1969 folgte die B-Serie und so weiter, bis 1979 die M-Serie vom Band lief. 1980 begann man dann wieder bei A, allerdings hieß es jetzt nicht mehr A-Serie, sondern A-Programm. Diese Kennzeichnung endete schließlich mit dem Y-Programm des Modelljahrs 2000, ab 2001 wurden die Programme der einzelnen Modelljahre mit den zugehörigen Ziffern bezeichnet. Die Modelle des Jahrgangs 2001 gehörten demnach zum 1-Programm, die des Jahrgangs 2009 zum 9-Programm.

Die wichtigste Neuerung in der B-Serie von 1969 war der um einige Zentimeter vergrößerte Radstand (obwohl die Karosserie die gleiche war), mit dem man das »nervöse« Verhalten des Wagens in den Griff zu kriegen suchte. Im Angebot waren nun der 911 T (der den 912er ersetzte, der inzwischen nicht mehr gebaut wurde), der 911 E mit einer mechanischen Kraftstoffeinspritzung und 140 PS, der den 911 L mit Kraftstoffeinspritzung ersetzte, und der 911 S, ebenfalls ausgestattet mit der neuen Kugelfischer-Einspritzung, dank derer die Motorleistung auf 170 PS gesteigert werden konnte.

Dies war jedoch nur eine vorübergehende Lösung, ab 1970 gab es 2,2-Liter-Motoren mit 125, 155 und 180 PS, die den Beginn der »C«-Serie markierten.

Den Wünschen einer immer anspruchsvoller werdenden Klientel nach höherer Leistung folgend, kam mit dem Modelljahr 1972 die E-Serie auf den Markt mit Motoren, deren Hubraum auf 2,4 Liter vergrößert und deren Leistung auf nunmehr 130, 165 beziehungsweise 190 PS angehoben worden war.

PORSCHE

Der 911 RS (RS steht für Renn-Sport) gilt bei Porsche-Anhängern als eines der berühmtesten Elfer-Modelle und ist entsprechend heiß begehrt.

Carrera

PORSCHE
S EK 8076

turbo
turbo
turbo

1973 legte Porsche den Grundstein für einen weiteren automobilen Meilenstein in seiner Firmen-Geschichte: Mit der F-Serie trat der 911 Carrera RS ins Rampenlicht (RS stand für Renn-Sport). Dessen 2,7-Liter-Motor leistete 210 PS, genug, um damit auch an Rennen teilzunehmen, für die normale Serienfahrzeuge zugelassen wurden. Sein Erfolg beschränkte sich aber keineswegs auf die Rennstrecke, und so war er bald zu einem regelrechten »must have« für die anspruchsvollere Kundschaft geworden. Überaus breit und mit einem großen Spoiler versehen, der liebevoll als »Entenbürzel« bezeichnet wurde, kann der 911 RS als Vorläufer für die Modelle des Jahrgangs 1974 angesehen werden. Die »G«-Serie, die Ende 1973 auf den Markt kam, wies drei wichtige Innovationen auf: Einen vom RS abgeleiteten 2,7-Liter-Motor, energieabsorbierende Sicherheits-Stoßstangen, die den US-Normen entsprachen, und eine elektronische Benzin-Einspritzung (Bosch K-Jetronic). Die Angebotspalette umfasste den 911er mit 150 PS, den 911 S mit 175 PS und den 911 Carrera mit 210 PS: Aus dem RS des Vorjahres war ein »normaler« Carrera ohne den Zusatz RS geworden.

In der nachfolgende »I«-Serie des Modelljahrs 1975 gab es dann auch wieder einen Carrera mit dem Zusatz RS, jetzt mit einem 3-Liter-Motor und 230 PS. Es handelte sich bei ihm um das Serienderivat eines gleichstarken Wettbewerbsfahrzeugs der Gruppe 3. Ausschließlich für den Wettbewerb (Rundstreckenrennen in der Gruppe 4) hatte Porsche einen 911 Carrera RSR entwickelt, ebenfalls mit drei Litern Hubraum, aber mit einer auf 330 PS angehobenen Leistungsausbeute. In das Jahr 1975 fiel auch die Geburtsstunde der Baureihe 930, des allerersten Porsche 911 Turbo. Dies war eine bahnbrechende Innovation in der Geschichte des Automobils. Der 911 Turbo war der weltweit erste Serien-Sportwagen auf dem Markt, der mit einem Abgasturbolader ausgerüstet war. Es handelte sich bei ihm um eine direkte Ableitung von einem ersten Prototypen, der für Rennen konstruiert worden war. Der 911 Turbo wurde im Herbst 1974 auf dem Pariser Autosalon der Öffentlichkeit vorgestellt. Das Turbo-System stammte von den spektakulären 917/30 Can-Am-Autos und der 3-Liter-Motor vom RS. Die Karosserie war ganz ähnlich wie die der anderen 911er, hatte aber breitere Radkästen und hinten einen massiven Spoiler. Sämtliche Teile des Motors hingegen hatten verstärkt werden müssen, um der Kraft von 260 PS standzuhalten, die über ein viergängiges Rennsport-Getriebe brutal an der Hinterachse zerrten.

1977 führte Porsche den 928er ein. Das deutsche Firmenmanagement wollte mit ihm den 911er ersetzen, dem für-

S JC 5940

Carrera 4
S KX 7066

S KP 8370

S-CD 1337

turbo
PORSCHE
S-HW 4297

derhin die Rolle eines reinen Sportwagens zugedacht war und der viel spartanischer und aggressiver daherkommen sollte als das neue Modell. Die Standardversionen wurden gestoppt, 1978 gab es von den 911ern nur noch den 911 SC mit einem 3-Liter-Motor mit 180 PS und den 911 Turbo mit einem neuen 3,3-Liter-Motor mit Intercooler, der 300 PS leistete.

Allein, der erhoffte Erfolg des 928 blieb aus, die Verkaufszahlen waren eher bescheiden und blieben weit hinter den Erwartungen zurück. Was sicherlich beitrug zur Rettung des 911ers in einer Zeit, in der sein Schicksal auf der Kippe stand. Man beschloss jedenfalls nicht nur, die Produktion des 911ers fortzusetzen, sondern auch die Palette vollständig zu erneuern. Die erste wichtige Änderung kam im Jahr 1983, als ein Prototyp, der 1981 auf der IAA in Frankfurt vorgestellt worden war, in Produktion ging. Dies war das 911 Cabriolet, die erste Version des klassischen deutschen Sportwagens ohne Dach.

Die Wiederbelebung des 911 wurde bis zum Jahresende 1983 abgeschlossen, als mit der Einführung des Modelljahrs 1984 die Elfer mit einer völlig neuen Motorengeneration auf den Markt kamen, während die Karosserie unverändert blieb. Die Modellpalette umfasste jetzt den 911 Carrera, den es als Coupé, Targa und Cabriolet gab sowie als Coupé mit Turbolook, alle mit dem neuen 231-PS-Motor ausgestattet, der seine Kraft aus nunmehr 3,2 Litern Hubraum schöpfte. Außer dem Carrera in seinen verschiedenen Karosserievarianten gab es natürlich auch noch den Turbo, wie gehabt mit 3,3-Liter-Maschine und 300 PS. Mit dieser Modellpalette war der Grundstein für den auch in den 80er-Jahren anhaltenden Erfolg des 911ers gelegt.

Für das folgende Jahrzehnt jedoch war ein wirklicher Generationswechsel geplant. Mit der Baureihe 964 sollte der Porsche 911 zu einem völlig neuen Auto werden. Aus wirtschaftlichen Überlegungen heraus sah man allerdings davon ab, auch den Namen für das Erfolgsmodell Porsche 911 zu ändern.

Parallel zu den letztmals angebotenen alten 911-Modellen präsentierte Porsche im Modelljahr 1989 mit dem Carrera 4 Coupé das erste Modell der neuen Baureihe 964. Ein Jahr später gab es den allradgetriebenen Carrera 4 dann auch als Targa und als Cabriolet, gleichzeitig gab es auch den Carrera 2 mit Heckantrieb in allen drei Karosserieformen.

Obwohl noch immer auch auf den ersten Blick als Elfer erkennbar, war es gelungen, die Aerodynamik des neuen Modells stark zu verbessern, nicht zuletzt durch einen völlig glatten Unterboden und den bei 80 km/h automatisch ausfahrenden Heckspoiler. Eine komplette Neuentwick-

S-KU 6366

BB-PW 128

S-LM 5599

S-LW 7858

Carrera
S-LT 7965

BB-PW 128

911 GT
S-LZ 4088

IMSA

lung war der 3,6 Liter große Boxermotor, die Leistung von nunmehr 250 PS war bei Modellen mit und ohne Katalysator die gleiche. Als Sonderwunsch musste denn auch beim neuen Elfer nicht mehr der Katalysator, sondern der Vezicht auf denselben geäußert werden. Als Alternative zur manuellen Schaltung gab es für den 911 der Baureihe 964 auch die innovative »Tiptronic«, ein Automatikgetriebe, bei dem man die Gänge auf Wunsch auch manuell vorwählen konnte.

Die neue Generation des 911 Turbo (Baureihe 965) kam ebenfalls 1990 auf den Markt. Aufgrund der großen Nachfrage sah Porsche sich allerdings gezwungen, ihn mit dem bisherigen 3,3-Liter-Motor auszustatten. Erst im Januar 1993 war dann auch der 911 Turbo mit dem neuen 3,6-Liter-Motor zu haben, der natürlich in diesem Fall zwangsbeatmet wurde.

In der Zwischenzeit kam ein anderes historisches Porsche-Modell wieder in Mode: 1992 wurde wieder ein 911 Carrera RS vorgestellt. Dieses Auto war wesentlich leichter geworden (es wog mehr als 150 Kilo weniger als der Carrera 2), weil man – einschließlich der Rücksitze – alles entfernt hatte, was nicht wirklich zum Fahren benötigt wurde. Weitere Gewichtsersparnis brachten ein Aluminiumverdeck, dünnere Fenster und Magnesiumräder. Nicht gespart hatte man hingegen bei der Leistung des luftgekühlten 3,6-Liter-Motors, die im Carrera RS auf 260 PS angehoben worden war.

Die nächste Evolutionsstufe kam Ende des Jahres 1993 (Modelljahr 1994) mit der Baureihe 993, hinter der sich ein weiteres Mal ein komplett neues Fahrzeug verbarg. Geblieben war allerdings auch in diesem Fall wieder der Name »911«, und trotz aller Neuerungen war auch der 993 sofort als ein echter Elfer zu erkennen.

Die Veränderungen, die die Karosserieform des 993 aufwies, übertrafen in ihrem Umfang alle seitherigen Evolutionsschritte. Breitere Kotflügel vorn, ein breiteres Heck, flacher angeordnete Ellipsoid-Scheinwerfer und ein größerer, neu gestalteter ausfahrbarer Heckspoiler waren nur einige der zahlreichen Neuerungen. Gründlich überarbeitet wurde auch der 3,6-Liter-Motor, der jetzt 272 PS leistete und entsprechend den neuen Umweltschutz-Normen modifiziert worden war. Unter anderem wurde der Katalysator jetzt serienmäßig eingebaut. Fahrwerk und Bremsen waren zum Teil erheblich verbessert worden. Zusammen mit einer deutlichen Spurverbreiterung sorgten diese Verbesserungen dafür, dass sich das Fahrzeug stabiler und leichter fahren ließ, und das trotz einer Spitzengeschwindigkeit von 270 km/h. Zahlreiche Optimierungen erfuhr auch das Getriebe: Der 993 verfügte als erster Elfer über ein Sechsgang-Getriebe, auf Wunsch war eine optimierte Viergang-Tiptronic lieferbar. Der 993 bot auch zahlreiche Individualisierungsmöglichkeiten in Form einer bisher nicht vorhandenen Vielfalt an Sonderausstattungen, Innenraumgestaltungsmöglichkeiten und sonstigen Details. Erhältlich war er zunächst nur als Coupé, das Cabrio folgte im Frühjahr 1994, der Carrera 4 als Coupé und als Cabrio im Herbst 1994.

1995 wurde das Targa-Konzept neu überdacht. Das abnehmbare Top wurde ersetzt durch ein versenkbares Glas-Element. Auch die RS-Version erschien wieder, und zwar mit einem neuen 3,8-Liter-Motor mit 300 PS, neu hingegen war die »4er«-Version des Turbo, der allererste Turbo mit Allradantrieb von Porsche. Seine Karosserie war nochmals verbreitert worden und kleidete später auch die Saugmotor-Varianten 911 Carrera 4S (1996) und 911 Carrera S (1997).

Für Liebhaber extremer Fahrzeuge wurde der RS in der Modellpalette durch den 911 Carrera GT2 ersetzt, einen direkten Nachkommen des GT1, der in Le Mans eingesetzt und für den Normalbetrieb auf der Straße modifiziert worden war. Es war im Grunde ein Porsche Turbo mit Hinterradantrieb, leichter gemacht und in der Leistung auf 430 PS (später mit Doppelzündung auf 450 PS) gesteigert. Für die nächste Generation musste sich das Porsche-Team aber etwas wirklich Neues einfallen lassen, vor allem für den luftgekühlten Motor, dessen Entwicklungspotenzial inzwischen restlos ausgeschöpft worden war.

Im Modelljahr 1998 präsentierte Porsche den 911 der Baureihe 996, dessen vollkommen neu gestaltete Karosserie immer noch die charakteristischen Merkmale eines klassischen Elfers aufwies. Doch die neue Karosserie war nur die auffälligste, aber keineswegs die wichtigste Neuerung: Die steckte im ebenfalls völlig neuen Motor, der zum ersten Mal in einem 911 wassergekühlt war. Die Boxer-Form mit sechs Zylindern immerhin hatte man beibehalten, der Hubraum des Saugmotors belief sich auf 3,4 Liter, aus denen der neue 911 exakt 300 PS schöpfte. Der 996 war zunächst nur als 911 Carrera Coupé oder Cabrio mit Hinterradantrieb lieferbar, im Modelljahr 1999 folgten Coupé- und Cabrioversionen mit Vierradantrieb. Zur besseren Unterscheidung hießen die Modelle jetzt denn auch Carrera 2 beziehungsweise Carrera 4, je nach Anzahl der angetriebenen Räder. 2000 wurde die Angebotspalette um den 911 Turbo (Modelljahr 2001) erweitert, der mit einem neuen 3,6-Liter-Motor ausgestattet war, welcher 415 PS leistete. Der größere Motor wurde dann ab Modelljahr 2002

Carrera 4
S PR 185

S PR 185

auch in die Modelle mit Saugmotor eingebaut.
Mit dem GT3 brachte Porsche im Frühjahr 1999 eine besonders sportliche Variante des 911 auf den Markt. Der GT3 war leicht erkennbar an seinem geänderten Bugteil mit Frontspoiler, am charakteristischen Heckspoiler und an seinen Seitenschwellern. Sein 3,6 Liter großer, wassergekühlter Boxer leistete 360 PS, das maximale Drehmoment betrug 370 Nm. Das Fahrwerk lag um 30 Millimeter tiefer als beim Carrera und war straffer abgestimmt. Im Innenraum waren die vorderen Serien- gegen leichtere Schalensitze ausgetauscht worden, die Rücksitze waren der Gewichtsoptimierung gleich ganz zum Opfer gefallen. Den GT3 gab es für den Einsatz im Motorsport ohne Aufpreis auch mit Clubsport-Paket.
Der GT3 mag als Vorläufer des 911 GT2 gelten, mit dem Porsche im Herbst des Jahres 2000 das Top-Modell der 996-Baureihe präsentierte. Sein 3,6-Liter-Bi-Turbo basierte auf dem Motor des 911 Turbo, brachte aber mit 462 PS genau 10 Prozent mehr Leistung als jener. Das Drehmoment des 911 GT2 lag mit 620 Nm sogar gut 11 Prozent höher als das des Turbo. Auch die Karosserie des Extremsportlers basierte auf der des Turbo, besaß jedoch unter anderem ein geändertes Bugteil, zusätzliche Lüftungsschlitze an den Seiten des Hecks und einen markanten, feststehenden Heckflügel. Anders als der Turbo jedoch war der 911 GT2 nur mit Heckantrieb und manuell zu schaltendem Sechsgang-Getriebe lieferbar. Sein um 20 Millimeter tiefergelegtes Fahrwerk war noch sportlicher abgestimmt als das des Turbo und konnte für den Motorsport individuell an die Strecke angepasst werden. Der GT2 war der erste Porsche, der serienmäßig über die Keramikbremse PCCB verfügte. Auf Wunsch gab es ihn ohne Aufpreis auch mit Clubsportpaket.
Die vorerst letzte Generation der 911er kam in Gestalt der Baureihe 997 im Sommer 2004, also zu Beginn des Modelljahrs 2005, auf den Markt. Nicht zuletzt dank breiterer Spur und stärker betonter Taille wirkte der neue noch dynamischer als sein Vorgänger, ins Auge fielen vor allem auch die neuen Rundscheinwerfer, die wieder mehr an die klassische Form der 911-Scheinwerfer erinnerten. Neue Doppelarm-Außenspiegel und ein aerodynamisch optimierter Heckspoiler waren weitere markante Merkmale des 997-Elfers. Der 3,6-Liter-Boxer des Carrera leistete 325 PS, der neu entwickelte 3,8-Liter-Motor im Carrera S brachte es auf 355 PS. Beide verfügten über ein neues Sechsgang-Getriebe und ein überarbeitetes Fahrwerk. Eine aktive Dämpfung (PASM) gab es beim Carrera S serienmäßig, im Basis-Carrera auf Wunsch.

targa
S-PR 191

S PR 127

S PR 128

S-PR 993

S PR 128

Knapp ein Jahr später, am 2. April 2005, kamen 911 Carrera und 911 Carrera S der Baureihe 997 auch in der Cabriolet-Version zu den Händlern. Wie schon bei den Coupés wurde auch die Serienausstattung der neuen Cabrios um größere Räder, das Stabilitätsmanagement PSM, das Kommunikationssystem PCM sowie um ein Soundsystem mit CD-Radio und neun Lautsprechern erweitert, bei den Cabrios gab es zusätzlich ein Windschott in der Grundausstattung dazu. Die Leistungswerte der Cabriolet-Modelle erreichten in der Höchstgeschwindigkeit die der Coupés, in der Beschleunigung lagen die nur 85 Kilogramm schwereren offenen Elfer nur knapp hinter den geschlossenen. Das Stoffverdeck der Cabrios ließ sich auf Knopfdruck vollautomatisch öffnen und schließen, und das selbst während der Fahrt bis Tempo 50.

Im Modelljahr 2006 erhielt die 997-Familie Zuwachs in Gestalt des 911 Carrera 4, des 911 Carrera 4S und des 911 Turbo, alle drei mit Vierradantrieb. Der 997er-Turbo wurde bereits im März 2006 auf dem Genfer Automobil-Salon der Öffentlichkeit präsentiert. Sein Motor wurde von einem Bi-Turbo mit variabler Turbinengeometrie zwangsbeatmet, was eine Leistungsausbeute von nicht weniger als 480 PS ermöglichte. Natürlich gab es auch noch einige extremere Versionen.

Im Herbst 2006 wurde der 911 GT3 RS auf dem Markt eingeführt. Er basierte technisch und in der Ausstattung auf dem normalen GT3 und unterschied sich in erster Linie durch am Motorsport orientierte Details. Der 911 GT3 RS verband die Leistungsfähigkeit und das ungefilterte Fahrerlebnis eines Rennwagens mit allen Anforderungen eines straßenzugelassenen Sportwagens. Von vorne unterschied sich der GT3 RS durch eine breite, sehr schmale Zusatzöffnung in der schwarzen Frontspoilerlippe. Seitlich fiel das in einer Kontrastfarbe gehaltene GT3-RS-Dekor auf, welches über die gesamte Fahrzeuglänge verlief. Bei den Serienfarben schwarz und arktissilbermetallic war die Kontrastfarbe orange. In Verbindung mit den beiden Sonderfarben orange und grün war die Kontrastfarbe schwarz. In dieser Kontrastfarbe waren außer dem Seitendekor auch die Außenspiegelgehäuse, die Räder, die Seitenteile des Heckflügels und der GT3 RS-Schriftzug auf dem Heckdeckel lackiert. Die Karosserie des 911 GT3 war im Heckbereich um 44 Millimeter verbreitert. Die breitere Spur verbesserte nicht nur die Wankstabilität, sondern erhöhte auch das Querbeschleunigungspotential des zweisitzigen Coupés. Die 12 J x 19 GT3-Räder waren mit Radnabenabdeckungen mit RS-Schriftzug ausgestattet.

S GO 4040
S GO 4020

S GO 13

GT3
S GT 408

S GT 408

S MN 1906

S MN 1906

S PR 185

Als Nachfolger des 993 aus dem Jahr 1993 erschien im Modelljahr 1998 mit dem 996 die vierte Generation des Porsche 911. Hier ein 911 Turbo Coupé, das allerdings erst im Jahr 2000 auf den Markt kam.

S PR 195

GT3
S PR 494

GT2
S-PR 981

Carrera 4
S PR 95

S PR 33

Carrera
S PR 262

Carrera
S GO 1012

Im Sommer 2007 ergänzte Porsche die Modellpalette mit dem 911 Turbo Cabriolet, welches ab dem 8. September in den Porsche-Zentren stand. Damit führte das Zuffenhausener Unternehmen die über 20-jährige Tradition der offenen 2-plus-2-Sitzer mit Turbomotor und Stoffverdeck fort.

Das 911 Turbo Cabriolet leistete jetzt 480 PS (353 kW) bei 6.000 Umdrehungen pro Minute. Das waren 60 PS mehr als beim Vorgängermodell. Die spezifische Leistung des 3,6-Liter-Boxermotors kletterte damit auf die neue Höchstmarke von 133 PS (98 kW) pro Liter Hubraum. Das maximale Drehmoment stieg von 560 auf 620 Newtonmeter. Gleichzeitig stand diese Kraft nun in einem breiteren Drehzahlband zur Verfügung. Während das maximale Drehmoment beim 996 Turbo im Drehzahlbereich von 2.700 bis 4.600 Touren anstand, lag es nun zwischen 1.950 und 5.000 Umdrehungen pro Minute an. Gleich geblieben war die Konstruktion mit dem geteilten Kurbelgehäuse und der echten Trockensumpfschmierung.

Serienmäßig war das 911 Turbo Cabriolet mit einem 6-Gang-Schaltgetriebe ausgestattet. Auf Wunsch war auch das Tiptronic-S-Getriebe lieferbar. Das auch manuell über Wipptasten am Lenkrad schaltbare 5-Stufen-Automatikgetriebe war speziell auf die Kraftentfaltung des Turbomotors abgestimmt. Die Schaltpunkte passten sich stufenlos an den Fahrstil und die Strecke an.

Im Sommer 2008 wurde der 911Carrera einer gründlichen Überarbeitung unterzogen. Neu konstruierte Motoren mit Direkt-Benzineinspritzung, das Porsche Doppel-Kupplungsgetriebe PDK oder ein weiterentwickeltes Porsche Communication Management mit 6,5-Zoll-Touch-Screen-Montor waren nur einige technische Highlights. Das Design der facegelifteten Carrera-Modelle zeigte auch die Qualität der technischen Weiterentwicklung an der Karosserie. Die Karosserien von Coupé und Cabriolet wurden simultan entwickelt. Die verstärkte Karosseriestruktur sorgte beim 911 Carrera für eine sehr hohe Crashsicherheit. So wurde bei der Gestaltung der Bugverkleidung der Schwerpunkt auf Dynamik gelegt.

Der neue 911 GT3 feierte seine Weltpremiere am 3. März 2008 auf dem Genfer Automobilsalon. Die zweite Generation des 997 GT3 präsentierte sich nochmals stärker und schneller und war noch präziser zu fahren als sein Vorgänger. Im Kernpunkt der Weiterentwicklung standen die Erhöhung der Leistung und die Steigerung der Fahrdynamik. Durch zahlreiche Erkenntnisse aus dem Motorsport beeindruckte der neue GT3 nicht nur auf der Straße, sondern auch auf der Rennstrecke.

494

S GO 1032

S PR 154

S GO 45

S GO 1004

GT3RS
S GO 7303

S GO 1050
GT3RS

GT3RS
S GO 1050

S GO 135

S GO 101

S GO 4009

S GO 3003

S GO 1024

S GO 4024

S GO 521

S GO 4023

914 – 916

Halb Volkswagen, halb Porsche

Seit den frühen 1960er-Jahren hatte Ferry Porsche sein Beratungsbüro, das sich mit der Entwicklung des Volkswagen Käfer befasste. Das verschaffte ihm Ende der 1970er-Jahre die Möglichkeit, noch einmal einen kleinen und preiswerten Sportwagen anzubieten, der aus Serienbauteilen gebaut wurde, wie dies schon beim Bau des 356 gemacht worden war. Dazu musste er jedoch ein Automobil entwickeln, das nicht nur anstelle des alten 1600 Karmann-Ghia in die Volkswagen-Produktpalette passte, sondern gleichzeitig auch den Stallgeruch von Porsche verströmte. Zu viel Porsche schließlich durfte es aber auch nicht sein, schließlich durfte das neue Auto dem 911er keine Marktanteile wegnehmen.

Mit dem Porsche 914, der auch gerne als »VW-Porsche« bezeichnet wird, präsentierten Porsche und Volkswagen 1969 eine Gemeinschaftsentwicklung. Dieser waren Studien vorausgegangen, in denen beide Firmen unabhängig voneinander erkannten, dass die Mittelmotoranordnung bei Sportwagen eine zukunftsträchtige Entwicklung darstellte. Hierbei saß der Motor hinter dem Fahrer, aber vor der Hinterachse. Da zwischen Volkswagen und Porsche schon ein Vertrag über Zusammenarbeit existierte, übernahm Porsche die Konstruktion. Fahrzeuge mit Mittelmotor zeichnen sich vor allem durch ihr präzises Handling aus, dieses resultiert aus dem verringerten Trägheitsmoment des Fahrzeugs um die Hochachse. Für seine Fahrzeuglänge hatte der 914 einen auffallend langen Radstand und sehr kurze Überhänge. Zum ersten Mal war der Porsche 914 auf der Internationalen Automobil Ausstellung (IAA) in Frankfurt am Main zu bewundern. Zwei unterschiedliche Varianten waren im Angebot: Der 914 mit einem vom VW 411 E entliehenen 1,7-Liter-Vier- zylinder-Boxer mit 80 PS (59 kW) und der 914/6 mit dem 2-Liter-Sechszylinder-Motor des 911 T mit 110 PS (81 kW). Den 914/6 baute Porsche in Zuffenhausen, den 914 Karmann in Osnabrück

Der VW-Porsche 914 war ein futuristischer »Targa« mit flachen, klaren Linien, ein Zweisitzer mit Mittelmotor (die Position des Getriebegehäuses wurde umgekehrt). Er hatte zwei Fächer für Gepäck: eines unter der Motorhaube vorn und das andere hinter dem Motor. Der Preis des Autos war interessant, aber der 914 wurde nach dem Tod von Generaldirektor Heinz Nordhoff, der das Joint-Venture-Abkommen mit Porsche unterschrieben hatte, vom Volkswagen-Management ein wenig als »Stiefkind« behandelt.

Ferry Porsche wollte deshalb eine Hochleistungsversion des 914 bauen, um das Modell attraktiver zu machen. Daraus wurde der 916, der 1971 vorgestellt wurde.

Anfang der 1970er-Jahre baute Porsche in Zusammenarbeit mit Volkswagen den 914, zu dem die Wolfsburger den Vierzylinder aus dem VW 411 E als Basismotorisierung beisteuerten. Der 914 war der erste in Deutschland serienmäßig produzierte Sportwagen mit Mittelmotor. Er war klein und unkonventionell und als günstigere Alternative zum traditionelleren und teureren Porsche 911 gedacht.

S-M 2383

S-M 2383

Dieser Ableger des 914 ist eine Rarität. Nur elf Prototypen wurden gebaut. Ursprünglich sollte der 916 eine Art Gegenstück des Dino von Ferrari werden. Doch als die Kostenrechnung 1972 einen Preis von ca. 40.000 DM kalkulierte, wurde das Projekt eingestellt. Fünf Exemplare blieben im Besitz der Familien Porsche und Piëch. Weitere fünf Fahrzeuge wurden in Deutschland an treue Porsche-Kunden verkauft und ein Wagen wurde in die USA exportiert.

Die Karosserie basierte auf der Rohkarosse des 914/6. Statt des abnehmbaren Kunststoffdachs war ein Dach aus Stahlblech fest mit dem Windschutzscheibenrahmen und dem Sicherheitsbügel verschweißt. Die Längsträger im Bodenblech waren verstärkt. Im Frontstoßfänger waren ein Spoiler, ein Ölkühler und zwei Zusatzscheinwerfer integriert. Die Stoßfänger waren in Wagenfarbe lackiert. Die Kotflügel waren um neun Zentimeter verbreitert, um Reifen der Größe 185/70 VR 15 auf 7 J x 15 Zoll breiten Leichtmetallrädern unterzubringen. Das Fahrwerk war vom 914/6 des Modelljahrs 1971 abgeleitet. Stoßdämpfer von Bilstein und Stabilisatoren waren an Vorder- und Hinterachse montiert. Die Bremsanlage mit den vier innenbelüfteten Bremsscheiben stammte vom 911 S.

Der Porsche 916 mit dem 2,4-Liter-Motor aus dem 911 S kam 1971 auf den Markt (oben), er sollte parallel zum 914 als Hochleistungsmodell auf dem Markt bestehen. Letztlich wurden jedoch nur 11 Exemplare gebaut.

Die Innenausstattung konnten die Käufer nach eigenen Wünschen wählen.

Ursprünglich war ein 2,6-Liter-Sechszylinder mit 210 PS (154 kW) vorgesehen. Dieser Motor war auf Superbenzin abgestimmt. Wegen der Ersatzteilversorgung kam das auf Normalbenzin abgestimmte 2,4-Liter- Aggregat mit 190 PS (140 kW) aus dem 911 S zum Einsatz. Aus dem Stand auf 100 km/h beschleunigte der Wagen in knapp 7 Sekunden. Die Endgeschwindigkeit wurde mit ungefähr 230 km/h gemessen. Obwohl der 916 nie ein offizielles Modell der Verkaufspalette war, markierte er doch ein Stück der Porsche-Firmengeschichte.

Nachdem sich die Wolfsburger aus dem Gemeinschaftsprojekt verabschiedet hatten, gab es noch eine zweite Generation des »kleineren« Porsche. Äußerlich nur geringfügig verändert, gab es die aktuellen 914 jetzt nur noch mit günstigeren Vierzylindermotoren, allerdings in zwei Abstufungen: der 914 1.8 hatte 85, der 914 2.0 immerhin 100 PS; beide basierten auf dem Typ 4.
Die Geschichte des 914 endete 1975 mit einem Modell, das für den US-Markt konzipiert worden war. Es hatte einen 2-Liter-Motor mit 88 PS und Katalysator, der den strengen Umweltschutz-Normen Kaliforniens gerecht werden konnte. Nachdem 119.000 Autos gebaut worden waren – viel weniger, als ursprünglich geplant –, wurde die Produktion im Jahr 1976 eingestellt.

924
944
968

Die Transaxle-Ära

Als der 914 im Begriff war, zum Erfolgsmodell zu werden, wurde Porsche von Volkswagen mit dem Design für einen neuen GT beauftragt, dessen mechanische Komponenten weitestgehend von aktuell in Großserie produzierten Modellen stammen sollten. Der Gedanke war, Auto-Käufern ein Auto anbieten zu können, das nicht so »radikal« wie der 914 sein sollte, aber dennoch sportlich und dazu auch noch etwas luxuriös. Weiter sollten sowohl Kaufpreis als auch laufende Unterhaltskosten viel niedriger sein als beim 911. Um diesem keine Konkurrenz zu machen, sollte das Auto zudem eine vollkommen andere Motorausstattung haben, insbesondere sollte es nicht mit einem Boxer-Motor im Heck ausgestattet werden.

Nachdem das Wolfsburger Firmenmanagement aber schon für den 914 keine große Begeisterung hatte aufbringen können, wurde an diesem neuen, mit »EA425« bezeichneten Projekt auch nicht lange gearbeitet, bis es dann vollständig eingestellt wurde. Einer der Gründe dafür war die Ölkrise, welche die großen Automobilhersteller dazu zwang, jede Investition in ein Spitzenmodell nochmals zu überdenken.

Deshalb entschied Porsche, Volkswagen einen Teil des Geldes zurückzuzahlen, das für die Entwicklung ausgegeben worden war, um dann das Projekt allein durchziehen zu können. Porsche hoffte, dass der Absatz des neuen Fahrzeuges gut genug sein würde, um damit die schwierige Situation meistern zu können, in der sich zu jener Zeit die gesamte Automobil-Industrie befand, unter der aber ein Unternehmen, das nur Sportwagen baute, ganz besonders zu leiden hatte.

Das Auto sollte in der ehemaligen NSU-Fabrik bei Neckarsulm von Volkswagen-Mitarbeitern unter der Leitung von Technikern aus Stuttgart gebaut werden. Im November 1975 wurde das Auto, das auf den Namen »924« getauft wurde, der internationalen Presse vorgestellt.

In vielerlei Hinsicht stand der Neue in krassem Gegensatz zur bisherigen Porsche-Philosophie: Er hatte ein nagelneues »Transaxle«-Design erhalten, den Motor vorn und das Getriebe im Heck. Auf diese Art wurde eine fast perfekte Gewichtsverteilung auf die zwei Achsen erreicht. Die Karosserie war von Harm Lagaay entworfen worden. Sie hatte eine aggressive Form mit Klappscheinwerfern, die sanft geschwungene Front besaß eine integrierte, kunststoff-ummantelte Stoßstange, die kleine Steinschläge und Ähnliches ohne bleibende Schäden schlucken sollte. Damals, als Stoßstangen entweder steife Stahlträger oder riesige schwarze Plastikteile waren, war das eine wahre Innovation. Die Heckklappe war von beeindruckender Größe,

Der Porsche 924 kam Ende 1974 als eine preisgünstigere, weniger anspruchsvolle Alternative zum 911er auf den Markt und war von Anfang an sehr erfolgreich.

S-CL 8495

S-CL 8495

S-DY 4659

S-DY 4659

bestand aus gewölbtem Sicherheitsglas und konnte selbstredend zum Be- und Entladen des darunter befindlichen Stauraums hochgeklappt werden – noch eine Innovation bei diesem Modell. Als Antrieb diente ein 2-Liter-Motor mit vier Zylindern und 125 PS, der aus dem Audi 100 stammte.

Vor allem dank seines relativ günstigen Preises und der ausgezeichneten Verarbeitung ließ sich der 924 im Vergleich mit anderen Porsche-Modellen erstaunlich gut verkaufen und half so, eine möglicherweise drohende Krise abzuwenden. Mehr noch als der 911 war der 924 das nahezu perfekte Fahrzeug für den täglichen Gebrauch: Er war viel leichter zu handhaben und zu fahren.

Andererseits vermittelte er aber den Eindruck, nicht genug Power zu haben. Um die Kunden auch in dieser Hinsicht zufriedenzustellen, brachte Porsche schließlich die Baureihe 931 (932 mit Rechtslenkung) auf den Markt, besser bekannt unter der Modellbezeichnung »924 Turbo«.

Gestützt auf die Erfahrungen, die man bei der Entwicklung des 911 Turbo gemacht hatte, bestückte Porsche den Zweiliter-Motor mit einem KKK-Turbolader, wodurch die Leistung auf nunmehr 170 PS deutlich angehoben wurde. Der Motor wurde in Stuttgart technisch überarbeitet und von Hand fertiggestellt. Bremsen, Fahrwerk und alle mechanischen Bestandteile wurden auf die höhere Leistung abgestimmt.

Beim 24-Stunden-Rennen in Le Mans von 1981 trat erstmals der 924 Carrera GT in Erscheinung (Baureihe 937 mit Links- und 938 mit Rechtslenkung). Er besaß den wiederum überarbeiteten Motor des 924 Turbo, war aber zusätzlich noch mit einem Ladeluftkühler versehen worden. Mit diesem Motor, seiner breiteren Karosserie und einem massiven Spoiler war der 924 Carrera GT in Le Mans die große Überraschung. Um starten zu können, musste er die sportlichen Regularien erfüllen und als normales Straßenfahrzeug verkauft werden. Im Handel gab es ihn als GT mit 210 PS und als GTS mit 247 PS. Der GTR mit 375 PS war die Version, die auch für Rennen produziert wurde.

Der Erfolg des 924 ließ vermuten, dass es zwischen dem 924 und dem 911 durchaus noch Spielraum gab für ein weiteres Modell: stärker als der 924, mit einem neuen 2,5-Liter-Vierzylinder-Motor, aber nicht so aggressiv und auffällig wie dieser. In der Zeit nach der Erdölkrise hatten Sportwagen nicht gerade den besten Ruf, und wenn sie allzu forsch dahergekommen wären, wären sie von potentiellen Käufern womöglich geschmäht worden.

Der Porsche 944 wurde 1982 der Öffentlichkeit vorgestellt. Seine Karosserie war von der des 924 abgeleitet, jedoch

PORSCHE

944

S JD 1987

S HU 5896

waren die Radkästen viel breiter, wie beim Carrera GT. Die Technik stammte vom »kleinen Bruder«; auch das Transaxle-Design war geblieben.
Der Motor war jedoch ein völlig anderer: Für den 944 hatte Porsche den Fünfliter-V8 aus dem 928 quasi halbiert. Der Reihenvierzylinder besaß eine über Zahnriemen angetriebene Nockenwelle oben im Zylinderkopf und zwei Ausgleichswellen, um die für diese Motorbauart typischen Vibrationen zu mindern. Mit 150 PS und einer Spitzengeschwindigkeit von über 210 km/h war das Auto schon sehr überzeugend, dennoch wurde ihm 1985 mit der Baureihe 951 (952 mit Rechtslenkung) ein 944 Turbo zur Seite gestellt, der 220 PS unter der Haube hatte.
1986 wurde aus dem 924 der 924 S, der künftig die Rolle des Einstiegsmodells in die Porsche-Palette übernehmen sollte. Ausgestattet mit dem Motor des 944, jedoch leichter, billiger und innen viel schlichter ausgestattet, wurde der 924 S bis 1989 produziert.
Auf der anderen Seite schrieb man im gleichen Jahr 1986 auch die Entwicklung des 944 fort, dem fürderhin ein 944 S zur Seite gestellt wurde. Sein 2,5-Liter-Saugmotor besaß 16 Ventile und leistete 188 PS. 1988 kam auch vom 944 Turbo eine S-Version auf den Markt, sie verfügte über 247 PS. 1989 löste der 944 S2 den 944 S ab. Der neue hatte nun einen drei Liter großen Saugmotor, der es auf 208 PS brachte. Eine Cabriolet-Version kam zur gleichen Zeit auf den Markt, und im darauf folgenden Jahr war auch diese mit einem Turbo-Motor zu haben.
Als es schließlich Zeit geworden wäre, die S3-Version zu präsentieren, erkannten die Stuttgarter Ingenieure, dass sie so viele Änderungen gemacht hatten, dass dabei de facto ein nagelneues Auto entstanden war. Deshalb beschloss Porsche, dem neuen Fahrzeug auch einen neuen Namen zu geben, und so löste 1992 der 968 den 944 ab. Der 968 wurde sowohl als Coupé als auch als Cabriolet direkt von Porsche in Zuffenhausen gebaut. Obwohl er die Basis seines Vorgängers behielt, hatte er eine Form, die an den größeren 928 erinnerte. Auch die Dreiliter-Maschine stammte aus dem 944 S2, war aber jetzt mit dem innovativen Variocam-System ausgestattet, mit dem die Steuerzeiten für die Einlassventile verändert werden konnten. Die Kraftübertragung erfolgte wahlweise über ein manuelles Sechsgang-Schaltgetriebe oder eine Tiptronic.
Mit dem 968 Turbo S Coupé bot Porsche das leistungsfähigste 968-Modell an. Der 968 Turbo S hatte den 968 CS mit seiner gewichtserleichterten Ausstattung als Basis. Äußerlich war die 968-Turbovariante vor allem an zwei zusätzlichen Lufteinlässen in der Motothaube, einer zusätzli-

S-JD 1987

S JH 5258

S KE 6300

chen Spoilerlippe unten am Bugteil und einem etwas vergrößerten, einstellbaren Heckflügel zu erkennen. Die Karosserie war im Vergleich zum 968 CS um 20 Millimeter tiefergelegt, das Fahrwerk straffer abgestimmt. Auf den dreiteiligen Speedline-Rädern im Cup-Design in den Größen 8J x 18 vorn und 10J x 18 Zoll hinten waren Reifen der Dimension 235/40 ZR 18 und 265/35 ZR 18 aufgezogen. Darunter waren die roten 4-Kolben-Festsättel, der aus dem 911 Turbo S übernommenen Bremsanlage mit den gelochten Scheiben zu sehen. Das ABS war an die höheren Anforderungen angepasst worden.
Der 3-Liter-Tubomotor hatte im Vergleich zu den 968-Serienmodellen nur einen Zweiventil-Zylinderkopf. Mit einem KKK-Turbolader brachte es die Maschine auf 305 PS (224 kW) bei nur 5.400/min und einem maximalen Drehmoment von 500 Nm, die schon bei 3.000/min anlagen. Mit diesem Leistungspotential stürmte der nur 1.300 Kilogramm schwere Wagen in 5 Sekunden auf 100 km/h und war bei Bedarf bis zu 280 km/h schnell.
Die Hinterachse, der fünfte und der sechste Gang waren länger übersetzt. Das Sperrdifferenzial war in Zug und Schub auf bis zu 75% Sperrfaktor ausgelegt. Der Innenraum erinnerte an den 968 CS mit seiner von Luxusextras befreiten Ausstattung. Der Erleichterungskur fielen die

elektrischen Fensterheber, die Zentralverriegelung und die Rücksitze zum Opfer. Stattdessen gab es vorn Schalensitze und dahinter eine Gepäckablage. Auf der hinteren Ablage wat der »turbo S«-Schriftzug eingestickt.
Die Porsche 968 gingen technisch und optisch fast unverändert ins neue Modelljahr. Serienmäßig war nun ein Partikelfilter für den Innenraum installiert. Dieses filterte Pollen und andere Partikel heraus und sorgte für eine bessere Luftqualität .
Die Aluminiumräder waren nun im neuen »Cup-Design 93« ausgeführt. Einige Ausstattungen waren als Pakete zusammengefasst lieferbar. Ein Sitzpaket beinhaltete neben den Ledersitzen auch eine Sitzheizung für Fahrer und Beifahrer. Im Sonderfahrwerkspaket war neben einer härteren Fahrwerksabstimmung und den 17-Zoll-Rädern auch eine noch leistungsfähigere Bremsanlage enthalten.
Für den 968 CS wurden besondere Pakete angeboten. Im Sportpaket waren neben einem strafferen Fahrwerk auch ein Sperrdifferential und eine leistungsstärkere Bremsanlage enthalten. Das Komfortpaket bot elektrische Fensterheber sowie elektrisch einstellbare Außenspiegel. Zentralverriegelung, Alarmanlage und abschließbare Radmuttern waren im Sicherheitspaket zusammengefasst. Eine manuell verstellbare Ausführung der Seriensitze und die Rück-

sitzanlage inklusive elektrischer Heckdeckelentriegelung bot Porsche ohne Aufpreis an.
Mit dem 968 wurden zwei reinrassige Sport-Versionen produziert, der 968 Turbo S und der 968 Turbo RS. Vom 968 Turbo S, der in der Basisversion auch für den öffentlichen Straßenverkehr zugelassen war, wurden allerdings lediglich 15 Stück gebaut, vom 986 Turbo RS sogar nur vier.
1995, im letzten Jahr, in dem die Modellreihe gebaut wurde, gab es keine Änderungen mehr.
Insgesamt baute Porsche vom 968 Coupé 5.731 Stück, vom 968 Cabriolet 3.959 Stück, vom 986 CS Coupé 1.538 Stück und vom 968 Turbo S Coupé 14 Stück. Zusätzlich entstehen noch 3 Wettbewerbsfahrzeuge 968 Turbo RS Coupé.
Nach nur 11.245 Exemplaren wird der 986 eingestellt. Mit dem letzten 968 geht bei Porsche die erfolgreiche Ära der Vier-Zylinder-Transaxle-Fahrzeuge zu Ende.

3-Liter-4-Zylinder-4-Ventilmotor eines 968

BB-PW 221

928

Die Anziehungskraft des V8-Motors

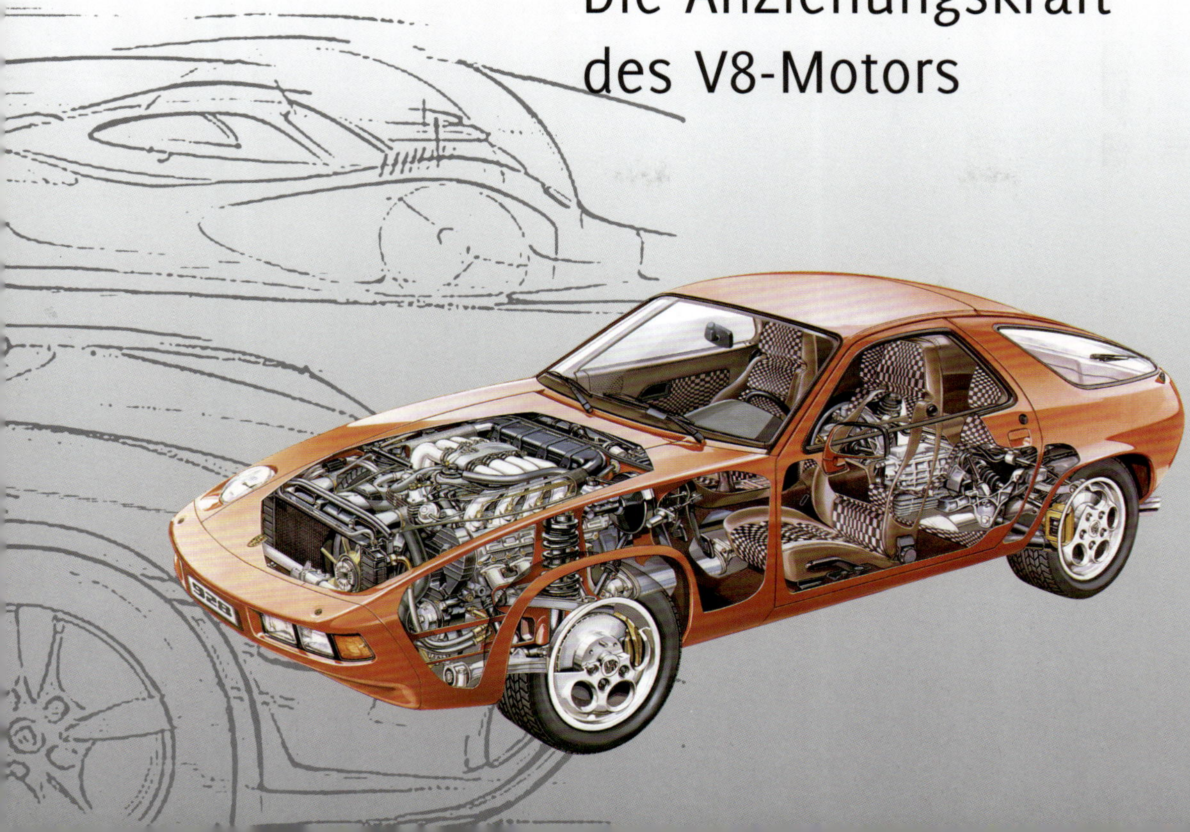

Die Transaxle-Technik war ursprünglich gar nicht für den Porsche 924 entwickelt worden. Bereits zu einem früheren Zeitpunkt nämlich hatte man sie für einen künftig zu bauenden Hochleistungs-Gran-Turismo vorgesehen. Die Entwicklung dieses Fahrzeuges stellte sich dann allerdings als äußerst langwierig und mühsam heraus, und so ließ der geplante Gran Turismo noch auf sich warten. Es war der spektakuläre 928, der diesem Warten ein Ende setzte, als er Ende 1977 der Öffentlichkeit vorgestellt wurde und im darauffolgenden Jahr auf den Markt kam.
Die Stuttgarter Firmenleitung hatte mit dem 928 eigentlich den 911 als Spitzenmodell ablösen wollen, nachdem beide für eine kurze Zeit noch gemeinsam auf dem Markt angeboten worden wären. Seine verfeinerte Technik machte den 928 aber so leicht zu fahren, dass eingefleischte 911-Fahrer den Neuen als »seelenlos« abtaten und weiterhin das nervöse »Vorgänger«-Modell bevorzugten, das noch heute gebaut wird.
Andererseits stand der 928 für das seinerzeit technisch Machbare. Lange blieb er das schnellste Serienfahrzeug der Welt, und noch heute ist er der einzige Sportwagen, der jemals die Prestige-Auszeichnung »Auto des Jahres« erhielt, die von Europas führenden Auto-Journalisten vergeben wird.

Schon 1968 machte sich die Porsche Konstruktions- und Stylingabteilung über eine neue Modellgeneration erste Gedanken. Bereits 1971 wurde das Konzept mit Frontmotor und hintenliegendem Getriebe, welche über ein Zentralrohr miteinander verbunden sind, verabschiedet. Beim Motorenkonzept war ein besonders niedrig bauender V-8 mit Wasserkühlung und einem Zylinderwinkel von 90 Grad vorgesehen. Aus knapp fünf Litern Hubraum wurden etwa 300 PS (221 kW) erwartet.
Mitte Februar 1972 waren die ersten Fahrzeugmodelle im Maßstab 1:5 im Windkanal. Im Juni des gleichen Jahres war die Sitzkiste, ein 1:1 Modell des Interieurs, fertiggestellt. In der Aggregaterprobungsphase wurden fünf Erprobungsträger eingesetzt. Ein Mercedes Benz 350 SL, der intern V 1 genannt wurde, diente der Erprobung des Transaxle-Systems, mit dem die Antriebsleistung des vorn eingebauten Motors zum Getriebe an die Hinterachse weitergeleitet wurde. Ein Opel Admiral (V 2) wurde vornehmlich zum Test der Fahrwerkskomponenten verwendet. Schließlich wurde der gesamte Antriebsstrang, bestehend aus Motor, Transaxle, Zentralrohr und Getriebe mit Differential im V 3, einem Audi 100 Coupé, implantiert. Es folgten mit V 4 und V 5 zwei weitere Audi 100 Coupé. Ein weiteres Erprobungsfahrzeug war der »Munga« für die

Als er Ende 1977 auf den Markt kam, hatte der Porsche 928 einen kraftvollen V8-Frontmotor mit fast fünf Litern Hubraum und 240 PS. Er war damit seinerzeit nicht nur das weltweit schnellste Serienfahrzeug, sondern ist darüber hinaus auch bis heute der einzige Sportwagen, der jemals als »Auto des Jahres« ausgezeichnet wurde.

Motorenerprobung. Vom eigentlichen 928 wurden insgesamt 12 Prototypen mit der Bezeichnung W 1 bis W 12 gefertigt. Wobei der letzte Prototyp schon der inzwischen aufgelegten Null-Serie entsprach.
Der 928 folgte dem gleichen Konzept wie der 924, hatte aber einen mächtigen, wassergekühlten 4,5-Liter-V8-Motor mit einer kopfgesteuerten Nockenwelle pro Zylinderreihe, der 240 PS leistete und eine Spitzengeschwindigkeit von über 230 km/h ermöglichte. Das Fahrwerk war ein technisches Meisterwerk, mit einer Weissach-Achse hinten, die die Neigung des Fahrzeugs zum Übersteuern wesentlich verringerte. Die Stahlkarosserie mit Aluminiumelementen und Kunststoffteilen war von Wolfgang Möbius unter der Führung von Anatole Lapine entworfen worden; sie hatte eine flache, stromlinienförmige Form mit ovalen Scheinwerfern, die bei Nichtgebrauch in die Kotflügel abgesenkt wurden, um die Aerodynamik nicht unnötig negativ zu beeinflussen. Das kompakte Cockpit, in dem der Instrumententräger mit dem höhenverstellbaren Lenkrad verbunden war, damit der Blickwinkel auf Instrumente und Schalter stets der gleiche blieb, bildete einen krönenden Abschluss der langen Fronthaube. Der 928 war nur als 2+2-sitziges Coupé lieferbar.
Neben der vergaserbestückten gab es auch eine Version

mit mechanischer Benzineinspritzung. Diese war leicht abgewandelt und mit einem katalytischen Konverter ausgestattet, um den Umweltschutz-Normen in den Vereinigten Staaten, die immer einer der größten Absatzmärkte von Porsche waren, gerecht zu werden.

1980 erhielt der 928 eine zuverlässigere elektronische Benzin-Einspritzung. Für einige Länder produzierte Porsche eine noch sportlichere Version, die 928 S hieß und mit einem größeren 4,7-Liter-Motor ausgestattet war, der 297 PS leistete. 1984 wurde diese Leistung im 928 S2 noch auf 306 PS gesteigert.

Die mäßige Resonanz, auf die der 928 bei der eingeschworenen Porsche-Klientel stieß, beförderte Ferdinand Alexander Porsche wieder an die Spitze der Firma. Der hatte zwar stets den 911 dem 928 vorgezogen, doch dachte auch er nicht einen Moment daran, die riesigen Investitionen abzuschreiben, die bis dato bereits in Form von Geld und Arbeit in den 928 geflossen waren. Deshalb wollte er den 928 als Gran Tourismo in der absoluten automobilen Oberklasse positionieren, in der er dank ausgezeichneter Fahrleistungen und höchstem Komfort sicherlich keine schlechte Figur abgeben würde. Man beschloss also, den 928 weiterhin zu produzieren, seine Weiterentwicklung jedoch auf unbestimmte Zeit zu verschieben.

PORSCHE
S JH 5595

BB PW 180

Im September 1984 erhielt Dr. Ferry Porsche mit dem »Doktorwagen« einen viertürigen 928 zu seinem 75. Geburtstag geschenkt. Dieser Wagen ist ein Unikat.
Der 928 S wurde für alle Märkte weltweit mit einem Seitenaufprallschutz in den Türen ausgeliefert. Diese Maßnahme erhöhte die passive Sicherheit des Fahrzeugs noch weiter.
1985 präsentierte Porsche den 928 S3, dessen Äußeres nur minimal verändert worden war, der dafür aber mit einem neuen Fünfliter-V8-Motor mit 32 Ventilen und zwei obenliegenden Nockenwellen ausgestattet war. Er war eigentlich nur das »Vorspiel« für das Modell S4, das im Modelljahr 1987 erschien. Ohne Katalysator hatte dieses Auto 316 PS, die für eine Spitzengeschwindigkeit von über 250 km/h reichten.
Nach den im Vorjahr gemachten Erfahrungen mit der Rennsport-Version »Club-Sport« produzierte Porsche 1989 ein noch schnelleres Straßenauto: Der 928 GT war mit Sperrdifferenzial und einem 326-PS-Motor ausgestattet. Diese Modifikationen verlängerten die Karriere des deutschen Gran Tourismo um einige Jahre; folgerichtig war denn auch der neue 928 GTS im Frühjahr 1992 die einzige noch lieferbare Version – und die schnellste, die je gebaut wurde. Mit einem neuen 5,4-Liter-Motor hatte der Wagen 345 PS, seine Spitzengeschwindigkeit lag bei 275 km/h.
Die Produktion des 928 wurde Ende 1995 eingestellt, nachdem 61.000 Autos gebaut worden waren. Ein Nachfolgemodell für den 928 gab es nicht.

928 GTS
BB PW 169

959

Der Über-Porsche

Für den Einsatz im Rennsport in der Gruppe B konzipierte Porsche die Studie „Gruppe B", die auf der IAA 1983 ausgestellt wurde. Für diese Rennserie war eine produzierte Mindeststückzahl von 200 Fahrzeugen vorgeschrieben. Der Wagen, der zwei Jahre später auf dem Stand der IAA stand, entspach bis auf wenige Details dem Porsche 959, wie er in den Jahren 1986 bis 1988 an die Kunden ausgeliefert wurde.

Der 959 war ein High-End-Sportwagen, der sich hervorragend auf öffentlichen Straßen, aber auch im Renneinsatz bewegen ließ. Bei der Konstruktion des 959 wurde eine Vielzahl von außergewöhnlichen technischen Lösungen eingesetzt. Aber auch Serienteile des 911 fanden Verwendung, um die Kosten noch in einem vertretbaren Rahmen zu halten.

Rennsport war schon immer die beste Möglichkeit, neue technische Lösungen zu entwickeln, die nicht selten dann später auch in die Serienfertigung einflossen. Aus diesem Grund konnte Helmuth Bott, in den frühen 1980er-Jahren Chef der Porsche-Entwickler, den damaligen Porsche-Vorstandsvorsitzenden Peter Schutz überzeugen, ein Auto mit Vierradantrieb zu schaffen, um an Rallyes der Gruppe B teilnehmen zu können. Um die Rennerlaubnis zu erhalten, mussten die Regeln berücksichtigt werden, die besagten, dass es sich bei den Fahrzeugen tatsächlich um normale Straßenfahrzeuge mit allgemeiner Betriebserlaubnis handeln musste, von denen jeweils mindestens 200 Exemplare gebaut worden sein mussten. Der 959 war der erstaunlichste Porsche GT aller Zeiten.

Gebaut im klassischen 911-Design, hatte der 959 einen Boxer-Motor im Heck, verfügte aber über einen hochentwickelten Allrad-Antrieb mit der Bezeichnung PSK (für Porsche-Steuer-Kupplung), mit dem sich das Drehmoment je nach Fahrzustand und Grip variabel auf die zwei Achsen verteilen ließ. Sogar das Fahrwerk verfügte über ein adaptives System, das nicht zuletzt dazu diente, ein derartiges Hochleistungsfahrzeug überhaupt erst fahrbar zu machen.

Für den Motor des 959 griffen die deutschen Ingenieure auf Bewährtes zurück, nämlich auf den 2,9-Liter-Sechszylinder mit 24 Ventilen, der für den Rennsportwagen Porsche 935 konstruiert worden war. Er war kleiner als der im 911er und hatte ein luftgekühltes Kurbelgehäuse, während seine Zylinderköpfe mit einem Wasserkreislauf gekühlt wurden. Zudem war der 959 der erste Serien-Pkw mit Registeraufladung: Er besaß zwei hintereinandergeschaltete KKK-Turbolader, die für eine wesentliche harmonischere Kraftentfaltung sorgten. In den Modellen aus der

959

PORSCHE
BB-PW 287

Serienproduktion, die an Privatkunden verkauft wurden, erreichte dieser Motor »nur« 445 PS, in der Rennversion war die Leistung auf bis zu 600 PS gesteigert.
Die Karosserie, die höchsten aerodynamischen Ansprüchen genügte, war gleichfalls absolut außergewöhnlich Sie bestand aus einer Aluminium-Legierung und Kevlar und war auf einer Nomex-Bodenwanne montiert. Das Leergewicht des gesamten Wagens betrug nur 1450 Kilogramm, viel weniger als bei vergleichbaren normalen Straßenwagen mit Stahlkarosserie.
Im Herbst 1983 wurde der Porsche 959 in einer Rennversion auf der Frankfurter IAA zum ersten Mal der Öffentlichkeit vorgestellt. Erst zwei Jahre später, 1985, wurde auch das Serienmodell gezeigt – zu kaufen war es damit noch lange nicht. Obwohl man den Verkaufsbeginn für das folgende Jahr geplant hatte, kam das Auto erst 1987 in den Handel, da die Arbeit an den letzten Details mehr Zeit in Anspruch genommen hatten, als geplant. Als die ersten Autos schließlich an die Kunden geliefert wurden, lag der Preis bei 420.000,- Mark, etwas mehr als die Hälfte dessen, was es Porsche kostete, einen Serien-959 zu bauen. Einzig der Imagegewinn und der reiche Schatz an gewonnenen Erfahrungen rechtfertigten die mit dem 959 eingefahrenen finanziellen Verluste. Der 959 war einem Flugzeug ähnlicher als einem Auto: Spitzengeschwindigkeit von 317 km/h und Beschleunigung von 0–100 km/h in nur 3,7 Sekunden.
Die Produktion lief noch ein paar Jahre, die Absatzzahlen waren etwas höher als erwartet; insgesamt verließen 292 Exemplare die Produktionsstätte, wovon 37 Stück von Porsche selbst für Tests benutzt wurden. Dazu kamen weitere acht Autos, die zwischen 1992 und 1993 als Sonderserie das Werk verließen und an wohlhabende Sammler verkauft wurden

S-JD 5605

BB PW 493

S JD 5605

Boxster
Cayman

Klein – aber fein

Die Erfahrung mit den Transaxle-Modellen hatte eindeutig gezeigt, dass es unterhalb des legendären 911 noch Raum gab für ein preiswerteres, weniger anspruchsvolles Modell. Aber als es an der Zeit war, den 968 zu ersetzen, beschloss Porsche, das Frontmotor-Konzept aufzugeben und ein Produkt zu schaffen, das – trotz einiger Unterschiede – seinem »großen Bruder« viel mehr ähneln sollte.
Das neue Projekt hieß »986«, und zum ersten Mal in der Porsche-Geschichte bekam ein Auto auch einen Namen: Boxster – eine Kombination aus Boxer und Roadster. Es handelte sich bei ihm eigentlich um einen kleinen Spyder mit einem Mittel-Motor hinter den Sitzen. 1993, auf der Motor Show in Detroit, wurde er zum ersten Mal als Show-Wagen präsentiert.
Die Resonanz auf das Ausstellungsfahrzeug beim Fachpublikum war überwältigend. Porsche versprach die Realisierung des Boxster als Serienfahrzeug zu überdenken – zwei Jahre später, im Sommer 1995, kam das Fahrzeug in den Handel.
Seine von Harm Lagaay entworfene Form erinnerte stark an den 911, und das nicht nur aus »familiären« Gründen: Um Kosten zu senken, hatte er zahlreiche Gleichteile mit dem zukünftigen 996, der überarbeiteten Version des 911, die drei Jahre später auf den Markt kommen sollte. Obwohl er über das gleiche technische Niveau und die gleiche vorzügliche Qualität verfügte wie alle anderen Porsche-Modelle, war der Boxster in zahlreichen Details zum Zwecke der Kosteneinsparung überarbeitet worden. Die Produktion wurde einer externen Firma anvertraut, Valmet Automotive, die den Boxster in ihrem Werk in Uusikaupunki in Finnland baute.
Der Zweisitzer war mit einem neuen 2,5-Liter-Boxermotor mit sechs Zylindern ausgestattet, der – zum ersten Mal in einem Porsche – wassergekühlt war. Dies war eine Vorwegnahme der Motortechnik des zukünftigen 911. Die erste Produktionsreihe hatte 201 PS. Im Jahr 2000 wurde der Hubraum auf 2,7 Liter vergrößert, die Leistung betrug jetzt 217 PS; gleichzeitig kam der angriffslustige Boxster S auf den Markt, der mit einem 3,2-Liter-Motor ausgerüstet war und 249 PS unter der Haube hatte.
Billiger als der 911, gleichzeitig aber äußerlich sehr eng an dessen aggressives Aussehen angelehnt und in der Verarbeitung diesem kaum nachstehend, waren alle Voraussetzungen gegeben für einen Siegeszug des Boxster. Sein schneller, anhaltender Erfolg machte ihn zum bestverkauften Porsche-Modell aller Zeiten.
Am 27. November 2004 führte Porsche die zweite Generation des Erfolgsmodells Boxster in allen 85 deutschen Por-

S PR 980

sche-Zentren ein. Vom 986 Boxster hatte Porsche mehr als 160.000 Fahrzeuge verkauft. Der neue Boxster trug die Typenbezeichnung 987. Er wurde in den Ausführungen Boxster und Boxster S angeboten. Der Boxster wurde von einem 2,7-Liter-Sechszylinder-Motor mit 240 PS (176 kW) angetrieben, der Boxster S von einem 280 PS (206 kW) starken 3,2-Liter-Boxer. Der Boxster präsentierte sich optisch und technisch in einem neuen Outfit.

An der Wagenfront fielen die ovalen Scheinwerfer und die oberhalb der großen Lufteinlässe montierten Zusatzleuchten mit Positionslichtern und Nebelscheinwerfern ins Auge. Serienmäßig waren H7-Klarglashauptscheinwerfern mit Projektionstechnik, optional Bi-Xenonscheinwerfer lieferbar. In den vorderen Seitenscheibendreiecken waren elektrisch verstell- und beheizbare Doppelarm-Außenspiegel befestigt, auf der Fahrerseite mit einer asphärischen Wirkung. Eine grüngetönte Wärmeschutzverglasung gehörte zur Serienausstattung. Der Bugbereich war so gestaltet, dass der Vorderwagen aerodynamisch effizient umströmt wurde, aber auch die Kühlluftdurchströmung verbessert war. Der Boxster hatte an den Seiten unterhalb der Zusatzscheinwerfer jeweils einen Lufteinlass mit einem schwarzen Ziergitter. In der Mitte des Bugteils hatte der Boxster S noch eine zusätzliche Öffnung, die Ziergitter waren titanfarben. Die vorderen Kotflügel setzten sich durch die erhöhte Kammlinie von der Fronthaube ab. Der vordere und der hintere Kofferraumdeckel waren aus Aluminium gefertigt. Im vorderen Dreieck der hydrophob beschichteten Türseitenscheiben waren elektrisch verstell- und beheizbare Doppelarm-Außenspiegel befestigt. Die Seitenansicht wurde durch die titanfarbenen Lufteinlässe mit den horizontalen Lamellen vor den Hinterrädern und den Bügeltürgriffen geprägt. Die Silhouette mit kräftigem Linienschwung und das Heck mit dem markanten Fugenverlauf wirkten vertraut. Im oberen Bereich des Heckdeckels war die dritte Bremsleuchte mit LED-Technik integriert. Zwischen den Rückleuchten war der ausfahrbare Heckspoiler integriert. Im eingefahrenen Zustand verlängerte er optisch den Fugenverlauf des Heckdeckels. Das Design war klarer, straffer und funktionsbetonter geworden.

Kurz vor dem Facelift des Mittelmotor-Roadsters präsentierte Porsche das auf 500 Exemplare limitierte Sondermodell Boxster S Porsche Design Edition 2. Die Karosserie war in der Serienfarbe Carraraweiß lackiert und mit drei hellgrauen Längsstreifen, von denen der mittlere etwas

S GO 141
S GO 142

S PR 234

S PR 986

S PR 109

S GO 141

S GO 1041

S GO 1040

S GO 180

S GO 1041

Cayman
S GO 1002

S GO 170

S GO 1002

schmäler ausfällt, versehen. Auf dem rechten Streifen war auf der Fronthaube der Schriftzug »PORSCHE DESIGN« ausgespart. An den Seitenflanken wurden die drei Streifen auch hinter dem Radlauf der vorderen Kotflügel und den Türen angebracht. Im oberen Streifen war ebenfalls der Schriftzug »PORSCHE DESIGN« ausgespart, im unteren »EDITION 2«. Die Ziergitter der seitlichen Lufteinlässe hinter den Türen waren ebenfalls in Wagenfarbe lackiert. Die Heckleuchten waren komplett rot eingefärbt. Das Faltverdeck war aus steingrauem Stoff gefertigt.

Der 3,4-Liter-Motor hatte wie beim Sondermodell Boxster S »RS 60 Spyder« acht PS mehr als ein serienmäßiger Boxster S. Die Leistung betrug 303 PS (223 kW) bei 6.250 Umdrehungen pro Minute und das maximale Drehmoment 340 Newtonmeter zwischen 4.400 und 6.000/min.

Serienmäßig rollte das Sondermodell auf Carraraweiß lackierten 19-Zoll-SportDesign-Rädern, die an der Hinterachse zusammen mit fünf Millimeter starken Distanzscheiben montiert wurden. An der Vorderachse waren 235/35 ZR 19 Reifen auf 8 J x 19 Rädern aufgezogen, an der Hinterachse 265/35 ZR 19 auf 9,5 J x 19.

Das Interieur präsentierte sich in einer Alcantara-Leder-Ausstattung. Die Lederausstattung war klassisch schwarz. Das 3-Speichen-Sportlenkrad, der Schalthebel und der Handbremsgriff waren mit Alcantara bezogen. Auf dem Handschuhfachdeckel war rechts eine Aluminiumplakette »Porsche Design Edition 2 Limited Edition« und der Nummer des Fahrzeugs von 500 angebracht. Die Zifferblätter der Instrumente, die Zierblenden der Armaturentafel und die Mittelkonsole zwischen den Sitzen waren in Carraraweiß lackiert. Selbst die Edelstahleinstiegsblenden trugen die Schriftzüge. Dazu gehörte auch als einzigartiges Accessoire die Porsche Design-Herrenarmbanduhr »Edition 2 Chronograph« mit einem weißen Zifferblatt, die speziell für diesen Boxster aufgelegt worden war.

Der RS 60 war ein Sondermodell des Boxster, das anlässlich des 60. Geburtstages seines berühmtesten Vorgängers, des 356 Speedster, gebaut wurde.

Boxster S
RS60 Spyder

Cayenne

Gegen den Strich

Zu Beginn des neuen Jahrhunderts war der Markt offen für ein Luxus-Auto von Porsche, wie man es bisher noch nicht gesehen hatte. Das Management der Stuttgarter Autobauer hatte erkannt, dass die Zeit reif war, die Porsche-Philosophie zeitgemäß zu interpretieren und ein vollkommen neues Modell zu produzieren. Zuverlässigkeit, Qualität, Fahrvergnügen und technische Perfektion, so der Grundgedanke, machen durchaus nicht nur die Faszination von Sportwagen aus, sondern stehen auch einem leistungsfähigen, sportlichen Nutzfahrzeug gut zu Gesicht.

Es war ein ehrgeiziges Projekt für Porsche, das wieder einmal in Zusammenarbeit mit Volkswagen realisiert werden sollte. Bei der Einweihung des neuen Porsche-Werkes in Leipzig im Frühling 2002 wurde den geladenen Gästen eine Vorschau vom Cayenne gezeigt. Ungewöhnlich groß, lang, robust und stark, wies der Cayenne nichtsdestotrotz eine gewisse Familienähnlichkeit mit den anderen Porsche-Modellen auf: Ganz sicher war er auf den ersten Blick als ein Porsche zu erkennen. Unter der Karosserie verbarg sich ein permanenter Vierradantrieb mit Sperrdifferenzial und einem nochmals verbesserten aktiven Fahrwerk mit verstellbarer Fahrhöhe. Die Motoren waren vom Feinsten, zunächst gab es für den Cayenne zwei 4,8-Liter-V8-Motoren, wahlweise mit manuell zu schaltendem Sechsgang-Getriebe oder mit der Tiptronic S. Als Saugmotor leistete er im Cayenne S 340 PS, bestückt mit einem Turbolader im Cayenne Turbo 450 PS. Erst ein Jahr später kam die Basisversion auf den Markt, in ihr arbeitete ein 3,4-Liter-V6 von Volkswagen mit »nur« 250 PS.

Der Cayenne Turbo S, der 2006 präsentiert wurde, war das schnellste SUV weltweit: mit 521 PS und einem Drehmoment von 700 Nm konnte das Auto eine Spitzengeschwindigkeit von 275 km/h erreichen und in fünf Sekunden von 0 auf 100 km/h beschleunigen. Und dennoch zeichnete sich auch dieses Hochleistungs-SUV durch ein ausgezeichnetes Handling selbst bei schwierigsten Offroad-Bedingungen aus.

Im November 2007 ergänzte Porsche die Modellreihe um eine betont sportliche Variante mit einem 405 PS (298 kW) starken Saugmotor. Der Cayenne GTS zeichnete sich durch ein speziell für diese Modellvariante entwickeltes Fahrwerk aus. Erstmals wurde in der Cayenne-Baureihe eine Stahlfederung mit dem von den Sportwagenmodellen bekannten Porsche Active Suspension Management (PASM) kombiniert. Der Cayenne GTS war schon auf den ersten Blick erkennbar. Bug- und Heckteile waren vom Cayenne Turbo übernommen, allerdings musste der GTS oh-

Cayenne S
S GO 150

S GO 2006

S GO 121

S GO 121

ne die turbotypischen Powerdomes auf der Motorhaube auskommen.

Porsche würdigte die sportlichen Rallye-Erfolge der Cayenne-Baureihe mit einem eigenen Modell für Straße und Gelände. Seinen ersten öffentlichen Auftritt hatte das neue Modell Cayenne S Transsyberia auf dem Pariser Automobilsalon vom 4. bis 19. Oktober 2008. Der Begriff »Transsyberia« stand dabei für die interkontinentale Rallye von Moskau in die rund 7.200 Kilometer entfernte mongolische Hauptstadt Ulaanbaatar (Ulan Bator), die der Porsche Cayenne in den Jahren 2006, 2007 und 2008 dreimal gewinnen konnte. Ab Januar 2009 kam das neue Modell Cayenne S Transsyberia zu einem Preis von 77.558,- Euro inklusive Mehrwertsteuer in den Handel.

Das Motorsport-Design des Cayenne S Transsyberia war an die Wettbewerbsfahrzeuge angelehnt und sorgte für ein zusätzliches Rallye-Flair. Insgesamt standen vier Farbkombinationen zur Verfügung. Neben den vom Rallyefahrzeug übernommenen Kombinationen schwarz/ orange und kristallsilbermetallic/orange hatte der Kunde außerdem die dezenteren Varianten schwarz/ meteorgraumetallic sowie meteorgraumetallic/ kristallsilbermetallic zur Auswahl. In Kontrastfarbe lackiert waren die Lamellen der seitlichen Lufteinlassgitter, die Außenspiegelgehäuse und das Oberteil des verlängerten Dachspoilers mit Doppelflügelprofil. Optional, ohne Aufpreis, wurden die in der gleichen Farbe ausgeführten seitlichen Dekorschriftzüge »Cayenne S Transsyberia« angebracht. Zur Ausstattung gehörten ein Schwellerschutz mit integrierten Skidplates, ein verstärkter unterer Triebwerkschutz und ein zusätzlicher Schutz für Tank und Hinterachse sowie eine zweite Abschleppöse. Die aus dem Wettbewerbsfahrzeug bekannten Off-road-Dachscheinwerfer waren auf Wunsch ohne Aufpreis lieferbar. Sie wurden dem Fahrzeug beigelegt, da sie in Deutschland nicht für den Einsatz auf öffentlichen Straßen zugelassen waren. Eine Kombination mit der Dachreling, dem Schiebedach oder dem Panorama Dachsystem war jedoch nicht möglich.

MAN
MUTE
PORSCHE

S GO 100

S GO 100
S GO 121

S GO 2000

S GO 1201
Cayenne
S GO 1120

Cayenne GTS
S GO 230

Cayenne
S GO 131

S GO 230

Cayenne S
S GO 205

S GO 1201

Carrera GT

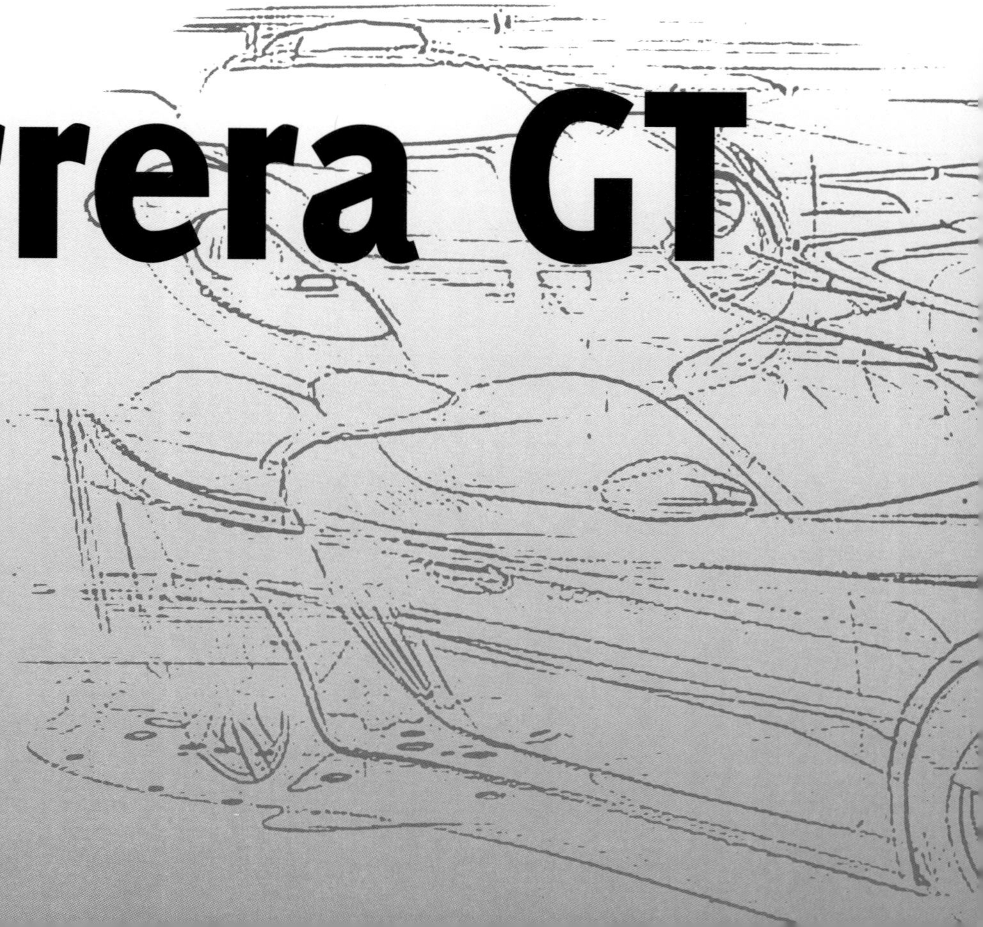

Der König

Der Startschuss zur Entwicklung des Carrera GT fiel schon im Februar 1999. Nur 18 Monate vergingen bis zur Fertigstellung des Ausstellungsfahrzeugs. Am 28. September 2000 präsentierte Porsche unter großem Beifall auf dem Pariser Automobilsalon eine seriennahe Studie eines offenen Hochleistungssportwagens. Der Carrera GT basierte in seiner Konstruktion auf purer Renntechnik. Das galt für das Chassis und das Fahrwerk, aber auch für den 10-Zylinder-Saugmotor, der direkt von einem ursprünglich für Le Mans konzipierten Rennaggregat abgeleitet worden war. Dieser sollte aus 5,5 Litern Hubraum 558 PS und 600 Newtonmeter Drehmoment leisten. Genug für eine Beschleunigung von unter 10 Sekunden von 0 auf 200 km/h und einer Höchstgeschwindigkeit von 330 Kilometern pro Stunde. Selbstverständlich war der Carrera GT voll fahrbereit. Walter Röhrl pilotierte den Wagen über die Champs-Élysées zum Louvre. Anfang Januar 2002 gab Dr. Wendelin Wiedeking, Vorstandsvorsitzender der Porsche AG, auf der Detroit Motorshow bekannt, dass der Carrera GT in einer Stückzahl von rund 1.000 Exemplaren gebaut werden sollte. Die Markteinführung war für den Herbst 2003 geplant.

Beim Carrera GT setzte Porsche modernste rennwagenspezifische Konstruktions- und Fertigungsmethoden ein. Ziel des Fahrzeugkonzepts war es, den unverfälschten Charakter eines Rennfahrzeugs für ein straßenzugelassenes Fahrzeug so zu kultivieren, dass dabei ein maximaler Fahrspaß erreicht wurde. Bei der Konstruktion des Fahrzeugs standen niedriges Gewicht, hohe Verwindungssteifgkeit und ein möglichst niedriger Fahrzeugschwerpunkt im Mittelpunkt.

Schon das Exterieur-Design des offenen Zweisitzers zeigte unverkennbar, daas es sich bei diesem Wagen um einen Porsche handelte. Vorne erinnerte der Carrera GT ein wenig an die legendären Porsche 718 RSK Spyder der späten 50er Jahre. Im Bugteil waren drei große Kühlöffnungen eingelassen. Hinter Kunststoffklarglasstreuscheiben saßen die Bi-Xenon-Lichtmodule für Fern- und Abblendlicht sowie die Blinkleuchten. Seitlich fiel der durch die Mittelmotorbauweise bedingte lange Radstand und der kurze hintere Überhang auf. Die Türen waren von der Fahrzeugflanke weg nach innen versetzt angeordnet, um innen Platz für die vordere Radhausentlüftung und die hinteren Kühlöffnungen zu erhalten. Die ovalen Außenspiegel saßen auf v-förmigen Streben. Hinter den Sitzen waren zwei über einen Quersteg verbundene Überrollbügel integriert. Dazwischen spannte sich die dreigeteilte Heckscheibe aus leichtem Polycarbonat, die beim Offenfahren gleichzeitig die Funktion eines Windschotts über-

S GO 612

Carrera GT
S-GT 10

Carrera GT
S-GT 10

S-GT 10

S GO 612

PORSCHE

Carrera GT
S GO 612

S GO 612

S GO 612

nahm. Die beiden leichten Dachhälften aus CfK/Honeycomb konnten zum Offenfahren abgenommen und vorne im Kofferraum verstaut werden. Unter der Abdeckung mit den beiden Höckern saß der in Längsrichtung eingebaute Motor. Am Heck fiel das markante Heckflügelprofil auf. Das Flügelmittelteil fuhr über eine elektronisch gesteuerte Hydraulik bei 120 km/h in weniger als 5 Sekunden um 160 Millimeter nach oben und bei 80 km/h wieder automatisch in die Ausgangsposition zurück. Über dem Heckdiffusor war eine schwarze Kohlefaserblende angeordnet. Durch diese mündeten links und rechts neben der Nummerntafel die Auspuffendrohre ins Freie. Jeweils außen war auf der linken Seite die Nebelschlussleuchte und auf der rechten Seite der Rückfahrscheinwerfer eingebaut. Die Heckleuchten waren mit LEDs (Light Emitting Diode) bestückt. Der Vorteil der LEDs besteht darin, dass sie eine kurze Ansprechzeit und eine lange Lebensdauer haben.

Der Preis des Traumwagens war allerdings aus Otto Normalverbrauchers Geldbeutel nicht zu bezahlen – er lag bei etwa einer halben Million Euro. Dennoch wurden dank seiner überragenden Technik, seiner herausragenden Fahrleistungen und nicht zuletzt seines eindrucksvollen Erscheinungsbildes in wenigen Jahren alle 1270 Exemplare verkauft.

Der Carrera GT beschleunigte in 3,9 Sekunden von 0 auf 100 km/h und erreichte eine Spitzengeschwindigkeit von 330 km/h – genug, um alle seriösen Konkurrenten auszustechen und seine Position als das schnellste und mächtigste Porsche-Auto zu behaupten, das je gebaut wurde.

Panamera

Zwei Extra-Türen

Kann ein Luxus-Sportwagen auch eine elegante Limousine sein? In der Automobilgeschichte gab es nur wenige Beispiele für Autos, die eine solche Ehe harmonisch und erfolgreich eingegangen sind. Aber seit dem Jahr 2009 ist deren Liste um einen würdigen Vertreter länger geworden.

Im Herbst 2008 veröffentlichte Porsche die ersten Werksfotos seiner vierten Baureihe, des neuen Porsche Panamera. Der Name Panamera war von dem legendären Straßenrennen Carrera Panamericana in Mexiko abgeleitet, bei dem Porsche schon in den 50er Jahren sehr erfolgreich gewesen war. Carrera, den ersten Teil des Namens, verwendet Porsche schon seit über 50 Jahren.

Die offizielle Weltpremiere erlebte der Panamera am 19. April 2009 bei der Pressekonferenz der Auto Shanghai in China. Die weltweite Auslieferung der Fahrzeuge begann im Spätsommer 2009. Bei der Markteinführung in Deutschland am 12. September 2009 war der Panamera mit den V8-Motoren und einer Luxusausstattung erhältlich. Das Design des viertürigen, viersitzigen Reisesportwagens ließ ihn sofort als vollwertiges Mitglied der Porsche Modellfamilie erkennen. Der Panamera vereinte viele Tugenden wie sportliche Fahrdynamik, einen groß dimensionierten, variablen Innenraum und den souveränen Fahrkomfort eines klassischen Gran Turismo. Der Panamera war neben den Heckmotorfahrzeugen 911, den Mittelmotorwagen Boxster und Cayman sowie dem geländetauglichen Sports Utility Vehicle Cayenne die vierte Baureihe. Die Gesamtinvestitionen inklusive des Entwicklungsaufwands für die Panamera-Baureihe beliefen sich auf gut eine Milliarde Euro und wurden aus eigenen Mitteln finanziert.

Gebaut wird die neue Modellreihe im Werk Leipzig. Die Motoren des Panamera werden im Porsche-Stammwerk in Zuffenhausen montiert. Das Volkswagen-Werk in Hannover liefert die fertig lackierten Rohkarosserien zu. Im Leipziger Werk werden die Fahrzeuge dann endmontiert. Rund 20.000 Fahrzeuge sollen pro Jahr ausgeliefert werden. Porsche wird auch beim Panamera in erster Linie mit deutschen Zulieferern zusammenarbeiten, damit rund 70 Prozent Wertschöpfung im Inland erfolgt. Der Panamera ist ein typischer Porsche »Made in Germany«.

Die Designer entwarfen mit dem Panamera ein völlig eigenständiges Fahrzeugmodell, welches formal als typischer Porsche zu erkennen ist. Schon die Proportionen heben ihn von seinen Wettbewerbern ab. Die gestreckte GT-Form entsteht durch eine Fahrzeuglänge von 4.970 Millimeter und knackig kurzen Überhängen. Mit einer Wa-

PORSCHE
S GO 190

AURORA
S GO 888

Panamera S

genbreite von 1.931 Millimeter ist der Panamera breiter und mit einer Gesamthöhe von 1.418 Millimeter niedriger als vergleichbare viertürige Wettbewerbsfahrzeuge.
Der Panamera S beschleunigt von 0 auf 100 km/h in 5,4 Sekunden. Die Höchstgeschwindigkeit wird bei 283 Stundenkilometer erreicht. Der Kraftstoffverbrauch liegt bei 10,8 l auf 100 Kilometer, die CO_2-Emission bei 253 g/km. Selbstverständlich wird die EU5-Norm erreicht. Der Panamera S mit 6-Gang-Schaltgetriebe wird in Deutschland zu einem Preis von 94.575,- Euro inklusive Mehrwertsteuer angeboten, mit dem PDK-Getriebe erhöht sich der Preis auf 98.085,50 Euro.

Der Panamera 4S mit serienmäßigem Allradantrieb und PDK sprintet von 0 auf 100 km/h in 5,0 Sekunden.
Die Beschleunigung endet bei 282 Kilometer pro Stunde. Für eine Fahrstrecke von 100 Kilometer verbraucht der Panamera 4S 11,1 Liter. Pro gefahrenen Kilometer werden 260 Gramm CO_2 ausgestoßen. Der Endpreis beträgt 102.251,- Euro. Der allradangetriebene Panamera Turbo spurtet mit PDK in nur 4,2 Sekunden von 0 auf 100 Kilometer pro Stunde. Die Endgeschwindigkeit wird bei 303 km/h erreicht. Der Normverbrauch beträgt 12,2 l/100 km, die CO_2-Emission 286 g/km. Der Preis inklusive Mehrwertsteuer liegt bei 135.154,- Euro.

S GO 1210

PORSCHE
Panamera 4S
S GO 1210

S GO 1210

S GO 190

S GO 190

S GO 190

Alessandro Sannia wurde 1974 in Turin geboren. Sein ganzes Leben drehte sich um das Thema Automobil. Er studierte Architektur und arbeitete dann als Designer in der Automobilindustrie, heute ist er als Berater für die Produktstrategie der Fiat-Gruppe tätig.
Schon immer galt sein leidenschaftliches Interesse der Automobilgeschichte. Er ist Mitglied des italienischen Clubs für historische Automobile, der prestigereichen italienischen Vereinigung der Automobilgeschichte und der amerikanischen Gesellschaft der Automobilhistoriker.
Alessandro Sannia arbeitet als unabhängiger Journalist für zahlreiche italienische und internationale Organe und ist Autor zahlreicher Bücher, darunter eine Reihe von Büchern über Fiat-Einzelanfertigungen.